直流断路器运维检修技术

ZHILIU DUANLUQI YUNWEI JIANXIU JISHU

国网浙江省电力有限公司舟山供电公司　编

U0311744

中国电力出版社
CHINA ELECTRIC POWER PRESS

内 容 提 要

　　高压直流断路器的首次工程化应用，对建立经济、高效、先进的智能电网有重要意义。本书总结了舟山五端柔性直流输电示范工程中高压直流断路器的运维检修管理经验，对指导高压直流断路器运维检修工作具有很好的参考价值。

　　本书共有 5 章，主要包括直流断路器技术概述、直流断路器结构、直流断路器运维技术、直流断路器检修技术、直流断路器工程应用及展望。

　　本书可供从事柔性直流输电系统换流站运行维护的值班员和检修人员使用，也可作为高等院校相关专业的参考书。

图书在版编目（CIP）数据

直流断路器运维检修技术／国网浙江省电力有限公司舟山供电公司编. —北京：中国电力出版社，2019.1

　　ISBN 978-7-5198-2846-2

　　Ⅰ．①直…　Ⅱ．①国…　Ⅲ．①直流断路器－检修　Ⅳ．①TM561.07

中国版本图书馆 CIP 数据核字（2018）第 291152 号

出版发行：中国电力出版社
地　　　址：北京市东城区北京站西街 19 号（邮政编码 100005）
网　　　址：http://www.cepp.sgcc.com.cn
责任编辑：刘丽平（010-63412342）　陈　倩（010-63412512）
责任校对：黄　蓓　　王海南
装帧设计：张俊霞　　赵姗姗
责任印制：石　雷

印　　　刷：三河市万龙印装有限公司印刷
版　　　次：2019 年 1 月第一版
印　　　次：2019 年 1 月北京第一次印刷
开　　　本：710 毫米×1000 毫米　16 开本
印　　　张：6.5
字　　　数：103 千字
印　　　数：0001—1000 册
定　　　价：32.00 元

编　委　会

前　言

　　直流断路器是直流电网的核心元件，利用电力电子技术实现高压直流回路的开断，具有超一流的限流、灭弧性能，可迅速分断直流输配电系统的故障电流，准确保护继电保护、自动装置免受过载、短路等故障危害。直流断路器在提高机械开关的操动速度与可靠性、缩减整体断路器的元件数和体积、降低成本等方面都具有较强的技术优势。鉴于其本身独具的技术特点，直流断路器广泛适用于柔性直流输电系统、城市轨道交通体系、船舶电力系统和推进系统等方面。特别是在舟山五端柔性直流输电系统方面，直流断路器与阻尼快速恢复装置的配合运用，可实现精准故障切除，切实保证了柔直系统的运行灵活性。

　　为提高换流站运检人员技能水平，保证直流断路器安全稳定运行，国网浙江省电力有限公司舟山供电公司特组织相关人员编写《直流断路器运维检修技术》。

　　本书内容共分 5 章，第 1 章为直流断路器技术概述，由刘黎、段天元、孙昌斌编写；第 2 章为直流断路器结构，由刘黎、方政编写；第 3 章为直流断路器运维技术，由李剑波、戴杰编写；第 4 章为直流断路器检修技术，由张吼、傅乐伟、许鑫编写；第 5 章为直流断路器工程应用及展望，由朱梦炯、赵勋范编写。

　　本书在编写和出版过程中得到了全球能源互联网研究院、许继电气集团有限公司、中电普瑞电力工程有限公司等单位的大力支持和帮助，特在此深表感谢！

　　由于我们的水平和经验有限，书中难免有缺点或错误之处，望读者批评指正。

编　者

2018 年 9 月

目　录

1 概述

电力传输技术主要分为交流输电（high voltage alternating current，HVAC）与直流输电（high voltage direct current，HVDC）两种。

直流输电方式包括常规直流输电和柔性直流输电两种，与常规直流输电相比，柔性直流输电是由基于可关断电力电子器件——绝缘栅双极型晶体管（insulated-gate bipolar transistor，IGBT）的电压源换流器（voltage source converter，VSC）所构成的新一代直流输电技术，VSC-HVDC 技术具有无功功率、有功功率可独立控制，无需滤波及无功补偿设备，可向无源负荷供电，潮流翻转时电压极性不改变等优势。因此 VSC 更适合用于构建多端直流输电及直流电网。本书针对直流电网的核心元件直流断路器，对它的结构、运维检修技术和应用进行介绍。本书介绍的直流断路器及其相关技术主要指的是高压范畴。

1.1 直流断路器技术需求

大功率直流输电不同于目前的交流输电，电流及电压连续不间断，相当于高速奔驰的高铁列车，能量巨大。柔性直流电网设备故障时短路电流上升极快，为确保设备安全及系统安全运行，要求直流断路器在数毫秒内断开故障电流、隔离故障点，难度极大，现有的开断技术无法满足要求。如何解决大功率直流开断，长期以来困扰着国内外学术界和工程界，被称为电力技术领域的百年难题。

近几年来，柔性直流输电工程在全国范围内得到大力推广，南澳柔性直流工程、厦门柔性直流工程以及目前世界上端数最多的舟山柔性直流输电工程的投运都标志着电力领域正在向更高效、更清洁、更灵活的供电方式转型。

已经投运的柔性直流输电工程主要采用基于全控器件 IGBT 的两电

平或半桥 MMC 换流阀技术。如图 1-1 所示，当直流侧发生短路故障换流阀闭锁后，交流电流将通过换流阀中 IGBT 反并联二极管续流，从而导致柔性直流系统无法依靠换流阀自身来清除直流侧故障。目前柔性直流输电工程普遍通过分断交流断路器来隔离直流故障。当直流侧发生故障后，直接分断系统中所有的交流断路器，待直流侧电流衰减到零后，分断故障线路两侧隔离开关隔离故障线路，再重新合交流断路器重启系统。该方法在没有直流故障电流分断设备的情况下实现了换流设备的保护，舟山五端和南澳三端柔性直流工程初期均采用该故障隔离方法。然而采用该方法会使得直流系统局部故障导致整个系统停运，造成区域供电的中断，降低了系统的运行可靠性和经济性。之后又在换流器桥臂中增加阻尼模块，加速故障电流的衰减，以提高该方法的系统恢复时间，但仍无法彻底避免供电的中断。

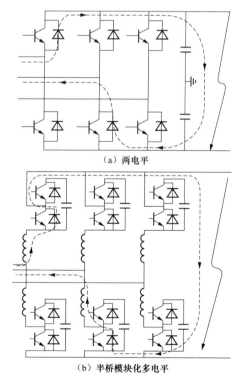

（a）两电平

（b）半桥模块化多电平

图 1-1　电压源型换流阀闭锁后续流示意图

当系统配置直流断路器后，通过选择性分断直流断路器可以实现故障线路的快速隔离并维持系统其他部分的持续运行。因此为快速限制并切断故障电流，以维持直流电网安全稳定运行并保护电网中的关键设备，高压直流断路器成为有效的技术手段。

高压直流断路器（HVDC circuit breaker）实现直流系统故障隔离，应能够在出现故障的直流线路中产生电流过零点，并在直流电流分断过程中，吸收直流系统感性元件储存以及交流系统注入的能量，同时抑制暂态分断过电压，降低系统设备的绝缘耐受水平。快速分断是直流电网对直流断路器的最核心要求。直流电网的设计理念中，当单条直流线路出现故障时，应由线路两端的直流断路器快速分断隔离故障线路，而故障线路两侧的换流站持续运行。由于柔性直流系统阻尼低，所产生的直流侧短路电流上升率和幅值很高，直流断路器分断速度越慢，换流阀因过电流闭锁的可能性越大，直流断路器分断所耐受的电热应力也将越苛刻，断路器的设计难度和成本也越高。此外，换流阀还会因故障过程中直流电压的快速跌落而闭锁，该时间受直流断路器分断暂态电压的影响。

在保障直流断路器能够快速可靠地实现直流故障清除的前提下，直流断路器还应从工程实际需求出发，考虑经济性、灵活性和扩展性等问题。直流断路器长时运行于直流系统中，且其在大容量直流输电网中的数量将超出换流阀，其运行损耗必须设计在较低的水平，保证系统运行的经济性；直流断路器应还具备双向导通和分断电流能力，以满足系统灵活潮流调节需求。

1.2 直流断路器的发展历程

最早研发的高压直流断路器是以交流断路器灭弧技术为基础变革设计的直流断路器，如磁辅助的吹弧技术，气体（SF_6）压力辅助吹弧技术，基于中压直流牵引断路器而改良的机械式断路器，以及使用高压真空系统采用等离子管的真空/等离子断路器。

20 世纪 80 年代，欧洲 BBC 公司制造了用于太平洋联络线的500kV/2kA 自激振荡型机械式直流断路器。随着电力电子器件的不断发展，出现基于高电压、大电流晶闸管（Thyristor）的断路器，以及基于IGBT 换流器的电力电子直流断路器。

2012 年 11 月，ABB 公司对外正式宣布在直流断路研发领域取得突破性进展，宣称 ABB 开发出了世界上第一台混合式高压直流断路器。这一研究成果将机械动力学与电力电子设备相结合。该断路器额定电压为 320kV，额定直流电流为 2kA，电流开断能力为 9kA，可在 5ms 之内开断一所大型发电站的直流输出电流。这极大地推动了直流断路器技术的发展。

2013 年 2 月，阿尔斯通公司在法国里昂阿尔斯通的独立试验站对高压直流断路器样机进行测试，并通过了开断电流超过 3kA、开断时间小于 2.5ms 的实验。这次测试是法国 RTE 电力公司的直流电网架构和技术示范工程，也是欧盟委员会支持的 FP7 计划内的大规模示范项目的一部分。

2015 年，国网智能电网研究院自主研发的混合式高压直流断路器，额定直流电压为 200kV，最大分断电流 15kA，开断时间为 3ms。2016 年 12 月 29 日，该断路器在舟山多端柔性直流输电工程成功投运，如图 1-2 所示。该直流断路器成功投运后真正实现了柔性直流系统故障后健全子系统稳定运行和网络重构，大幅度降低了故障电流对换流站设备和交流系统的冲击，是柔性直流输电系统中最为核心的设备之一。

图 1-2　舟山柔性直流输电工程 200kV 直流断路器

此外，国家电网公司规划了张北可再生能源并网柔性直流电网示范工程。该工程在河北的康保、张北、丰宁建设 3 个 500kV 送端柔性直流换流站，在北京建设一个 500kV 受端柔性直流换流站，通过架空输电线路，构建汇集和输送大规模风电、光伏、储能、抽蓄等多种形态能源的 4 端直流电网，计划于 2019 年建成，将成为世界首个 500kV 柔性直流电网。

该工程中每个换流站将配置 4 台直流断路器，已经完成的成套设计要求直流断路器在 3ms 内分断峰值 25kA 的故障电流。该工程将对高压直流断路器技术提出新的挑战，也将极大促进直流分断技术的推广应用和直流电网技术的发展。

1.3 直流断路器技术特点

1.3.1 技术要求

高压直流断路器为实现直流系统故障隔离，应能够在出现故障的直流线路中产生电流过零点，并在直流电流分断过程中吸收直流系统感性元件储存以及交流系统注入的能量，同时抑制暂态分断过电压以降低系统设备的绝缘耐受水平。快速分断是直流电网对直流断路器的最核心要求。直流电网的设计理念中，当单条直流线路出现故障时，应由线路两端的直流断路器快速分断隔离故障线路，而故障线路两侧的换流站继续运行。由于柔性直流输电系统阻尼低，所产生的直流侧短路电流上升率和幅值很高，直流断路器分断速度越慢，换流阀因过电流闭锁的可能性越大，直流断路器分断所耐受的电热应力也将越苛刻，断路器的设计难度和成本也越高。此外，换流阀还会因故障过程中直流电压的快速跌落而闭锁，该时间受直流断路器分断暂态电压的影响。

在保障直流断路器能够快速可靠地实现直流故障清除的前提下，直流断路器还应从工程实际需求出发，考虑经济性、灵活性和扩展性等问题。直流断路器长时运行于直流系统中，且其在大容量直流输电网络中的数量将超出换流阀，其运行损耗必须设计在较低的水平，保证系统运行的经济性；直流断路器应还具备双向导通和分断电流能力，以满足系统灵活潮流调节需求。

1.3.2 技术挑战

面对多端直流和直流电网对高压直流断路器的高通流能力、快速分断、高可靠性等方面的要求，需要针对高压直流断路器的电气拓扑和试验方法开展深入研究。

1. 换流方式

各种类型的高压直流断路器均需要将故障电流在不同特性的回路中进行一次甚至多次换流，以实现电流的分断。换流方式的可靠性从根本上决定着断路器分断的可靠性，而换流时间也是影响分断时间的重要因素。利用全控型器件快速阻断回路是目前比较理想的换流方式，但全控型器件成本较高，并且目前针对 500kV/3000kA 柔性直流输电系统的直流断路器应用，已达到了全控型器件的承受极限。如果全控型器件参数没有大的提升，更高分断容量的直流断路器将不得不采用其他器件(或设备)及相应的换流方式。比较典型的换流方式还有弧压自然换流、反向注入电流强迫换流等。此外，在分断过程中通过逐级换流串入避雷器来限制电流上升率，可在分断时间不变的情况下，降低电流峰值。开展直流电流分断和换流机理研究，提出更为快速、可靠、易于实现的换流方式，发现具备更优综合性能的拓扑形式，对直流断路器技术发展具有重要意义。

2. 杂散参数优化技术

直流断路器依靠避雷器限制设备的过电压水平，当设备电压达到避雷器保护水平时，避雷器阻抗迅速下降，电流从其他支路快速向避雷器支路中转移，产生了极高的电流变化率，并在回路杂散电感上产生了较高的暂态电压，该电压与避雷器电压相叠加，增大了断路器设备的暂态过电压水平。随着电压等级的提高，混合式直流断路器中器件串联级数在增加，断路器的体积也在增大，杂散电感的作用更加明显。此外，杂散电感还延长了断路器各支路间的换流时间，对断路器的整体分断时间造成影响。因此，在对断路器电压等级进行提升时，需要优化结构布置，减少换流回路的杂散电感。

3. 断路器与系统协调配合

目前直流断路器的功能需求只来自于假定的系统，实际上，从系统设计的角度，综合考虑系统与直流断路器协调配合设计，不仅有利于直流断路器的研制，同时也有利于提高整体运行技术的经济性。

直流系统中断路电流发展快，一方面对断路器分断速度和分断能力提出了要求，另一方面对换流阀也造成了极大冲击，发生离换流站出口距离较近的短路故障，换流阀将几乎瞬时闭锁退出运行。因此，可以考虑在不显著影响系统暂态调节性能的前提下，在直流线路中配置限流电抗器或者限流装置，既能提高系统运行的可靠性，也能减低断路器的设计难度。

参照交流系统，断路器动作应以选择性分断命令为基础，因此直流系统中快速故障选线技术的突破对于直流断路器在系统中的应用性能至关重要。直流断路器时作为一个开关装置，等待系统分断命令而动作，还是能够依靠自身信号检测而选择性动作，需要结合系统方案、故障定位技术以及系统与断路器协同控制策略等因素综合设计。

4．直流断路器试验技术

直流断路器作为新型电力装备，目前国际上尚无相关的试验标准，其等效分断试验、绝缘试验和现场分断时间方法都有待深入研究，以建立直流断路器试验等效评价系统和试验考核标准，检验所设计直流断路器是否满足实际应用能力。

1.3.3　技术类型

目前，高压直流断路器主要集中在 3 种类型，分别是基于常规开关的传统机械式直流断路器、基于晶闸管的混合式直流断路器和基于 IGBT 的混合式直流断路器。传统机械式直流断路器通态损耗低，但受到振荡所需时间和常规机械开关分断速度的影响，难以满足直流系统快速分断故障电流的要求；固态直流断路器需要使用较多器件串联，使其通态损耗大、成本高。因此，就目前研发现状而言，基于常规机械开关和电力电子器件的混合式直流断路器最具有大规模商业化应用前景，为各方研究的重点。

直流断路器结构 2

基于 IGBT 的混合型直流断路器在舟山多端柔性直流输电工程（简称舟山柔直工程）成功投运。该直流断路器为目前世界实际工程运行的电压等级最高、分断能力最强的直流断路器，真正实现了柔性直流系统故障后健全子系统稳定运行和网络重构，大幅度降低故障电流对换流站设备和交流系统的冲击，实现单个换流站和线路的快速带电投退，并在故障清除后实现系统的快速启动，解决了因直流系统电压不存在自然过零点而导致的无法开断难题，是柔性直流输电系统中最为核心的设备之一。本章结合舟山柔直工程重点介绍混合型直流断路器结构特点。

2.1 混合型直流断路器拓扑结构及原理

全控型半导体器件 IGBT 具备自关断能力，利用其可关断特性插入阻抗，能可靠地实现强迫换流。采用 IGBT 直接串联技术的混合式直流断路器拓扑如图 2-1 所示。

通过闭锁负荷换流开关强迫短路电流转移至由大量 IGBT 直接串联构成的主断路器中，超高速机械开关在零电流、零电压条件下分断，直至其产生能够耐受直流断路器分断过电压后，主断路器闭锁，断路器两端电压上升直至避雷器保护动作，系统存储于感性元件中的能量被避雷器所吸收，断路器完成短路电流分断。直流断路器内部换流波形如图 2-2 所示。

全球能源互联网研究院提出一种采用全桥模块级联的混合式直流断路器拓扑。正常运行时，全桥模块处于导通状态，负荷电流经上下桥臂流通；系统发生故障时，通过 2 次换流实现电流分断。第 1 次换流发生于主支路与转移支路之间，主支路全桥模块闭锁，而转移支路处于导通状态，换流完成后快速机械开关分断；第 2 次换流发生于转移支路与避雷器支路之间，快速开关完全分断后，由大量全桥模块级联构成的转移支路闭锁，短路电流对模块电容充电直至避雷器保护动作，完成换流，并实现系统所存储能量耗散。

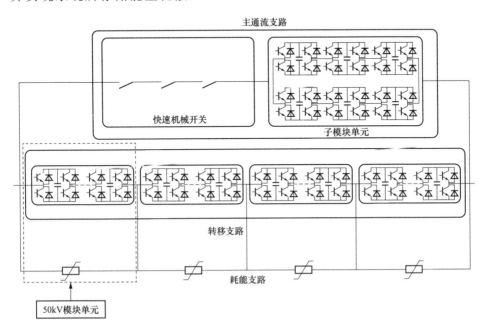

图 2-1　基于 IGBT 的混合式断路器拓扑

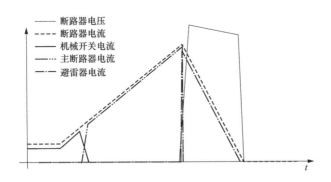

图 2-2　IGBT 直接串联混合式断路器换流波形示意图

基于 IGBT 直接串联和全桥模块级联的混合式直流断路器在原理上相似，但也存在技术差异。全桥模块级联方案能够显著降低 IGBT 关断过程中电热应力以及关断时所耐受的电压变化率，有利于提高单个器件的分断电流能力，并易于实现各级 IGBT 之间动态均压，提高应用可靠性。虽然相同电压等级下，全桥模块级联型混合式直流断路器 IGBT 器件是直接串联拓扑的 2 倍，但分断电流能力提高了 2 倍。

采用图 2-3 所示二极管桥式换流模块代替转移支路的全桥模块，可将转移支路的 IGBT 数量减少 1/2。全球能源互联网研究院采用该方案研制了额定电压 535kV、分断时间 2.5ms、分断电流 25kA 的直流断路器样机。

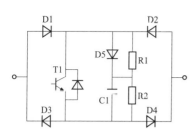

图 2-3　二极管桥式换流模块

采用由 4 个二极管构成的全桥和 1 个单向串联 IGBT 替换 IGBT 直接串联拓扑中的 1 个双向串联 IGBT，同样将转移支路的 IGBT 数量减少 1/2。南瑞集团采用该拓扑研制了额定电压 535kV、分断时间 3ms、分断电流 25kA 的直流断路器样机。

针对多端直流和直流电网应用，当单个换流站连接多条直流线路时，需要装配多套直流断路器，将多套基于 IGBT 的混合式直流断路器的主支路和转移支路重新组合，减少功率器件的数量，同时提高断路器的容错能力。通过在换流器旁边并联辅助放电开关，并在分断故障电流过程中导通并联辅助开关，将故障电流转移，再分断超高速机械开关。一个换流站只需要配置一套并联辅助开关，减少半导体器件的数量，但由于分断过程中相当于将整个换流站旁路，造成直流电网供电的中断。

2.2　混合型直流断路器关键部件组成

混合型直流断路器的关键部件主要有主支路换流阀模块、超高速机械开关、转移支路换流阀模块、避雷器等。以 200kV 直流断路器为例，其拓扑结构如图 2-4 所示。

直流断路器拓扑结构中包括 3 个支路：

（1）主通流支路：由 3 个 100kV 快速隔离开关模块串联，再与主通流支路电子开关串联。主通流支路电子开关采用 2 并 3 串 H 桥结构，用于导通系统负荷电流。主通流支路电子开关采用水冷方式。

（2）转移支路：由 144 级 H 桥串联组成，分为 4 个 50kV 阀层。每个阀层由 4 个阀段串联，分左右两列布局，每个阀段由 9 级 H 桥模块串联。每个阀层共计 36 级 H 桥模块串联，用于短时承载直流系统故障电流。转移支路电子开关采用自然冷却方式。

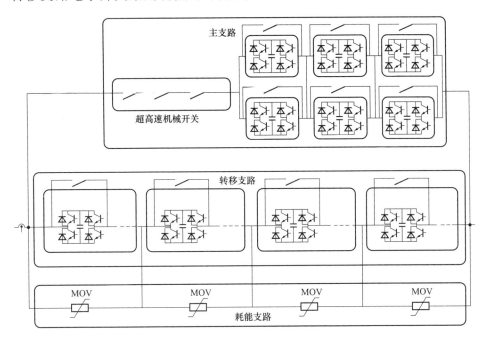

图 2-4　200kV 直流断路器拓扑结构示意图

（3）耗能支路：每个阀层并联一组避雷器，用于抑制分断过电压和吸收能量。

2.2.1　主支路模块

1. 主支路模块设计

直流断路器主支路模块基于模块化、标准化的设计理念，将其设计为一个标准化的单元。主支路由 6 个标准化单元通过 2 并 3 串的形式组成，以适应工程的冗余需要，增强可靠性。主支路模块是一个独立的功能单元，出厂时已组装完毕，并已在厂内完成所有的例行试验，降低现场安装难度，缩短现场的安装及试验工期。

主支路模块布局综合考虑电磁场分布、空气净距、爬电距离、质量分布、冷却散热和控制光纤布线的需要，同时还考虑机械强度、安装及检修更换等各方面的因素。模块主要由主体支撑框架、子模块、光纤、水管、导线连接及其他固定结构件组成，模块实物如图 2-5 所示。

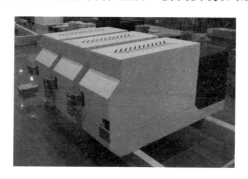

图 2-5　主支路阀模块实物

（1）主体支撑框架。

模块主体支撑框架主要包括端部的钢梁和中间主绝缘槽梁。钢梁采取多用途化设计，不仅用来支撑绝缘槽梁，还用来固定光纤槽和均压罩等。钢梁的机械强度根据最大使用工况，结合有限元分析和实体试验，设计其强度，结构经济合理。主绝缘槽梁是无卤素环氧玻璃钢材料，采取特殊设计、新型工艺加工而成，结构强度高，刚性大、绝缘性好。

（2）主支路模块设计。

主支路模块是最基本的功能单元，包含 IGBT、电容器、电阻、二次控制保护单元和散热器等。主支路模块采用紧凑化、集成化设计，将各电气器件分成若干个结构相对独立的功能单元，包括电容器单元、IGBT 压接单元和控制保护单元。

主支路模块的连接母排与 IGBT 同时压接在组件中，同时为了降低模块中电容回路的杂散电感，电容器回路采用低感母排设计，有效降低 IGBT 器件的电压应力。

主支路模块单元采用全桥模块压接集成技术，该技术使用压接法兰将 IGBT 器件与电容器、高电位板等组件隔离开，即使压接型器件爆炸，也可以保证中控完整的控制功能。同理，若电容器爆炸，同样也可以保证 IGBT 组件的可靠性。主支路模块中的 IGBT 驱动被密封在铝制屏蔽盒中，可以有效避免功率元器件在发生爆炸时对驱动电路产生冲击。阀模块的外部同时设计有金属外壳作为外围保护，既能保证将爆炸时产生的绝大部分碎片及冲击波封闭在其内部，又能保证正常阀模块不受外部爆炸阀模块的破坏。主支路换流阀模块防爆结构如图2-6所示。

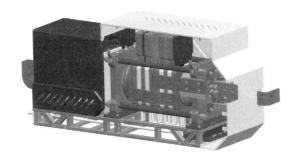

图 2-6　主支路换流阀模块防爆结构

主支路模块的布局还需综合考虑空气净距和爬电距离的绝缘要求，同时兼顾机械强度、安装及检修等各方面因素要求。

（3）光纤布置。

光纤布置在模块的光纤基线环内，有效利用空间，同时方便更换维护。考虑到光纤折弯半径的限制，在光纤需要弯曲的地方采用专门的固定设计，在光纤穿过的地方安装护套线，避免安装和运行中可能造成的机械损伤。

（4）水路布置。

主支路模块有进水、出水两路主水管，通过卡块可靠地固定在模块尾端的主水路支架上，同时各个子模块的进、出分水管分别用活接与进、出水管连接，方便安装、检修及拆卸。

2. 主支路模块部件的作用

（1）模块电容。主支路模块电容作用为：

1）限制其在电流向转移支路换相过程中的换相电压。

2）实现串联全桥模块内部电压均衡。

从制造工艺考虑，干式电容器的工艺要求较高，技术含量也更高，并且由于电容器内部不含油，因而具备较高的防火性能。

（2）模块电阻。主支路模块电阻作用为：

1）限制断路器在断态下系统的漏电流以及实现各全桥模块的静态均压。

2）断路器分断完成后泄放全桥模块电容电压。

其中断路器分断完成后，系统经各级全桥模块电容串联等效电阻放电，模块电阻值要尽可能限制系统的漏电流。此外，全桥模块电容器通过模块电阻器放电也是一个重要的作用。同时，模块电阻设计需要满足放电时间需求。

2.2.2 转移支路模块

1. 转移支路模块设计

断路器转移支路模块设计同样基于模块化、标准化的设计理念，同时为实现紧凑化布置，将多级级联的全桥模块设计为阵列化布置形式。每个转移支路阀模块内部由 18 级全桥阵列级联组成，200kV 高压直流断路器由共 8 组转移支路阀模块串联组成。转移支路阀模块同样是一个独立的功能单元，出厂时已组装完毕，并已在厂内完成所有的例行试验，降低现场安装难度，缩短现场的安装及试验工期。

转移支路模块综合考虑电磁场分布、空气净距、爬电距离、质量分布、冷却散热和控制光纤布线需要，同时还考虑到机械强度、安装及检修更换等各方面的因素。阀模块主要由主体支撑框架、大组件 IGBT 压装单元、光纤、电容器组、母排及控制驱动单元、供能组件及其他固定结构件组成，整体结构如图 2-7 所示。

图 2-7　转移支路阀模块实物

（1）主体支撑框架。

转移支路模块主体支撑框架主要包括端部、中部的 3 根钢梁和中间主绝缘槽梁，钢梁和主绝缘槽梁通过紧固件连接成两个矩形框架。

钢梁采取多用途化设计，不仅用来支撑绝缘槽梁，还用来固定母排和均压罩等。钢梁的机械强度根据最大使用工况，结合有限元分析和实体试验，设计其强度，结构经济合理。主绝缘槽梁采取无卤素环氧玻璃钢材料，经特殊设计、新型工艺加工而成，结构强度高，刚性大、绝缘性好。

（2）大组件 IGBT 压装设计。

大组件 IGBT 压装单元是转移支路模块的最主要部件，由 18 只压接型 IGBT 反串联压装组成。IGBT 器件之间为多功能散热板，此散热板除散热外，还兼顾模块间电气连接、电容器母排电气连接及固定驱动单元的作用。因转移支路通流时间较短，因此无需主动通水冷却。在进行生产组装时，大组件 IGBT 压装单元可以独立组装，然后再整合成完整的阀模块，有效提高阀模块的生产效率和安装质量。

大组件 IGBT 压装单元有 A、B 两种结构，其不同之处为 IGBT 的压装方向。一组 A 单元与一组 B 单元共同组成级联 H 桥中的 IGBT 组件。

（3）电容器单元设计。

电容器单元同样采用阵列化紧凑式设计，一组转移支路模块中有两组相同的电容器单元。电容器单元布置于阀模块的一侧，提高模块检修维护的可操作性。电容器组的布局还综合考虑空气净距及爬电距离的绝缘要求，同时兼顾机械强度、安装及检修更换等各方面要求。电容器单元可以独立组装，然后再整合成完整的模块，有效提高阀模块的生产效率和安装质量。

（4）供能组件布置。

供能组件同样采用阵列化紧凑式设计，布置在阀模块的另一侧。供能组件通过绝缘螺栓直接固定在模块绝缘槽梁，方便供能电缆从组件中穿过。

（5）其他组件设计。

模块同时包括中控单元、通信光纤及连接母排。中控单元跨接固定在大组件 IGBT 压装单元之间，有效保证中控单元至各 IGBT 驱动之间的光纤长度一致。通信光纤从电容器组各电容器之间的缝隙进入光纤固定件。考虑到光纤折弯半径的限制，在光纤需要弯曲地方采取专门的固定设计，在光纤穿过的地方安装护线套，避免安装和运行中可能造成的机械损伤。

2. 转移支路模块部件的作用

（1）断路器转移支路全桥模块电容。

以 200kV 直流断路器为例，断路器转移支路全桥模块电容主要作用为实现多个级联全桥模块的动态电压均衡，由于单个 IGBT 在断路器应用中额定电压为 3.4kV，全桥模块电容应控制电压波动范围不超过 200V，使得在极端苛刻条件下，转移支路全桥模块电容电压最高不超过 3.6kV，即 IGBT 最高耐受电压的 80%。

（2）断路器全桥模块电阻。

断路器全桥模块电阻的作用为：

1）限制断路器在断态下系统的漏电流以及实现各全桥模块的静态均压。

2）断路器分断完成后泄放全桥模块电容电压。

断路器分断完成后，系统经各级全桥模块电容串联等效电阻放电，模块电阻值设计需尽可能限制系统漏电流；此外，全桥模块电容器通过模块电阻器放电也是一个重要作用，模块电阻值设计还需满足放电时间需求。

2.2.3 超高速机械开关

超高速机械开关由 3 组快速隔离开关模块串联均压组成，每一组快速隔离开关由 100kV 快速开关组成，其组件包括开关组件支撑框架、机械开关本体、供能单元组成。超高速机械开关是高压直流断路器的关键

部件，正常工作时开关闭合导通，当发生故障时，可在毫秒级时间内快速分闸，承受系统暂态恢复电压及系统耐压。超高速机械开关的分闸速度与绝缘耐压水平都较高，每组开关模块采用双断口单元均压设计。同时，超高速机械开关整体放置于 200kV 高电位支撑平台，通过隔离电源向开关提供驱动能量。100kV 快速开关模块如图 2-8 所示。

图 2-8 100kV 快速开关模块

1. 开关组件支撑框架设计

开关组件支撑框架采用与主支路阀模块相同的设计形式，同时为提高超高速机械开关组件在分断过程中强震动下的机械可靠性，采用 4 根槽梁进行固定支撑。

超高速机械开关主体通过螺栓固定在绝缘槽梁，同时固定在绝缘槽梁上的还有供能单元。超高速机械开关是一个独立的功能单元，出厂时

已组装完毕，并已在厂内完成所有的例行试验，降低现场安装难度，缩短现场额安装及是要工期。

2．100kV 快速开关模块

快速开关主要由固封极柱、电磁斥力驱动机构、保持机构、缓冲机构、阻容均压装置、电源和控制器等核心器件组成。100kV 模块双断口U 型方案原理示意图如图 2-9 所示。

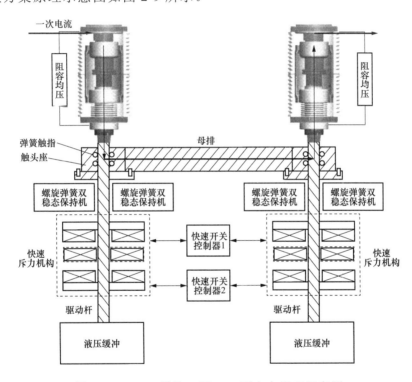

图 2-9　100kV 模块双断口 U 型方案原理示意图

（1）固封极柱。

主支路快速开关固封极柱采用真空灭弧室固封，其优点如下：

1）模块化设计，结构简单，可拆卸零件少，可靠性高。

2）具有较高的绝缘性能，降低环境对灭弧室的影响。

动导电杆与动触头整体连接，与驱动机构通过螺纹连接，主材料为铜，具有流通能力和一定的机械强度。

（2）电磁斥力驱动机构。

电磁斥力机构采用预充电的储能电容 C 向分闸或合闸线圈放电，产生持续几毫秒的脉冲电流，金属盘或线圈中因感应涡流而受到电磁斥力作用，从而带动连杆运动，实现开关的关合或分断。电磁斥力机构示意图如图 2-10 所示。

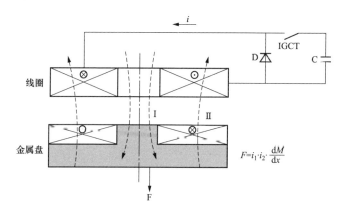

图 2-10　电磁斥力机构示意图

单断口电磁斥力机构配置 4 组储能电容，分别用于快速分闸、备用快速分闸、慢速分闸、合闸。单断口斥力放电原理是通过功率晶闸管控制储能电容放电，开关控制器接受动作命令相应的功率晶闸管发出触发脉冲，功率晶闸管导通，储能电容向斥力机构线圈放电产生脉冲电磁力，驱动斥力机构运动。

（3）缓冲机构。

缓冲机构需要在极短的行程（10～12mm）将高速运动部件的速度降为零，且控制灭弧室动触头的分闸回弹减小到允许范围，避免较大的分闸回弹导致灭弧室触头间隙发生绝缘击穿和波纹管损坏。

（4）开关电源。

开关电源为快速开关模块的控制器运行及储能电容提供能量，主要包括磁能取环、控制器电源、储能电容充电电源。

取能磁环的二次输出经整流单元转换为 36V 直流电，由逆变电路和高频变压器将其转换为高频方波并经整流，输出 220kV 供给后级的控制器和充电电源模块。

（5）控制器。

开关控制器采用模块化插件结构，由母板、电源板、CPU 板、模拟量输入板、开关量输入及驱动板等板卡组成。

3. 超高速机械开关作用和设计原理

直流断路器中超高速机械开关主要作用为：

（1）承载系统负荷电流及短路电流。

（2）承受断路器断态下系统直流电压或者断路器分段过程中暂态电压，保护主支路全桥模块不受损坏。

为保证直流断路器 3ms 快速分断，超高速机械开关需要在 2ms 内可靠耐受断路器暂态分断电压。由于快速开关在直流断路器应用在近似为"零电压、零电流"无弧分断，通过多断口串联技术可以显著缩短机械开关分段时间，提高断路器整体分断速度，而各断口间暂态均压也易于实现，因此 200kV 直流断路器超高速机械开关采用 6 个额定电压 50kV 真空泡通串联构成，其中 2 个断口作为冗余设计。

2.2.4 避雷器

避雷器是用于保护电气免受高瞬态过电压危害并限制续流时间，也常用于限制续流幅值的一种电器。避雷器有时也称为过电压保护器、过电压限制器（surge divider）。

1. 避雷器工作原理

避雷器是一种防止雷击的设备，通常与被保护设备并联。避雷器可以有效地保护电力设备，一旦出现不正常电压，避雷器产生作用，起到保护作用。当被保护设备在正常工作电压下运行时，避雷器不会产生作用，对地面来说视为断路。一旦出现高电压，且危及保护设备绝缘时，避雷器立即动作，将高电压冲击电流导向大地，从而限制电压幅值，保护电气设备绝缘。当高电压消失后，避雷器恢复原状，使系统能够正常供电。避雷器的主要作用是通过并联放电间隙或非线性电阻，对入侵流动波进行削幅，降低被保护设备所受过电压值，从而达到保护电力设备的作用。

2. 直流避雷器

由于直流系统的复杂性和特殊性，直流避雷器相对于交流避雷器区别很大。直流避雷器大致分为阀避雷器、直流中性母线避雷器、换流桥避雷器、换流器直流母线避雷器、直流母线避雷器、直流滤波器避雷器、平波电抗器避雷器等。

直流输电系统中的内部过电压产生的原因、发展机理、幅值、波形，要比交流系统的情况复杂许多。因此直流避雷器所承受的过电压情况与其安装位置、直流工程的参数、系统运行方式以及故障类型等相关。直流避雷器在各种波形下的功率损耗特性不同，老化特性有很大差别。

以 200kV 直流断路器为例，断路器配置有 4 组避雷器，采用串联方式，紧邻转移支路布置。每一组避雷器含有 3 个套筒，每个套筒内由 5 个并联柱构成。在断路器使用条件下，避雷器未配置计数器（外部 TA 配置）。直流断路器耗能支路中避雷器主要用于抑制直流断路器分断暂态电压以及吸收系统感性元件储存能量。

直流断路器中避雷器的设计应满足：

（1）断路器在断态工况下，避雷器能够安全耐受施加于其两端的电压，且流过避雷器的泄漏电流不超过 1mA。

（2）避雷器在不同工况下保护水平电压不超过系统电压的 1.5p.u.。

（3）断路器在最为苛刻条件分断情况下，避雷器能够可靠吸收系统感性元件储存能量，且留有足够裕度。

2.3 直流断路器二次系统

2.3.1 直流断路器控制保护系统

2.3.1.1 基本要求

200kV 高压直流断路器的控制保护单元要求能够快速、准确判断换流器出口线路的运行情况，并根据柔性直流控制保护系统的指令进行动作，能够实时监测断路器一次设备的运行情况，快速准确执行控制命令，快速地判断保护情况并做出响应。

在线路电流达到预转移阈值或收到柔性直流控制保护系统跳闸指令后 100μs 内能够被检测并确定，启动电流转移开始。

2.3.1.2 控制保护设备设计特点

（1）供电系统采用双冗余设计，由 2 路独立电源供电，任何一路电源故障不影响设备正常运行。

（2）过流自分断保护功能采用三取二设计。

（3）设备各单元能够对自身的故障进行全面诊断，并上报状态。

（4）应具备判断系统故障类型及故障类型上报和执行保护动作的功能。

2.3.1.3 控制保护设备的组成

直流断路器控制装置（DBC）的内部机构框架如图 2-11 所示。断路器主控制器是断路器控制装置的核心，用于实现断路器整体的顺序控制逻辑和故障处理。断路器阀基控制电子设备（VBC）用于主支路和转移支路全桥模块的控制和保护。光纤接口用于提供断路器控制装置到 VBC以及断路器其他一次设备和辅助设备的接口，包括与供能系统，快速隔离开关，传感检测单元，水冷系统之间的接口。网络接口实现与柔直SCADA 系统之间的通信，GPS 接口用于实现 GPS 对时。

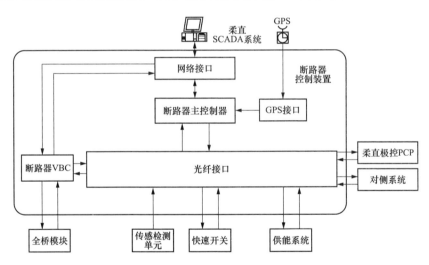

图 2-11　控制保护平台框架

1. 控制保护装置屏柜

正负极高压直流断路器控制保护装置共由 10 面柜体组成，分别是 2面主控机柜，4 面阀控柜，2 面 OCT 光电流合并单元柜以及 2 面监视系统屏柜。

2. 就地屏柜

就地屏柜位于阀厅内，包括 2 套 UPS 系统和电源开关柜，以及一套全光纤电流互感器光纤熔接箱。

每套 UPS 系统包括 1 面蓄电池柜和 1 面 UPS 主机柜，就地屏柜布局如图 2-12 所示。

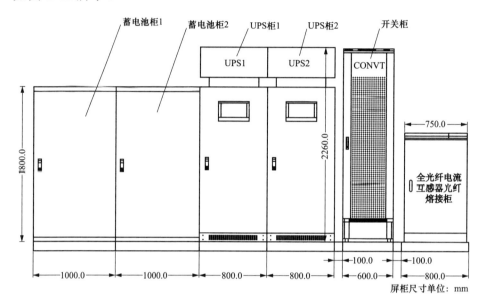

图 2-12　就地屏柜布置图

3. 阀控系统

阀控系统包括 2 面阀控柜，是控制系统与阀本体之间的接口，主要实现控制命令的传递作用，同样采用两面屏，与直流断路器控制保护柜采用交互通信以提高整个系统的稳定性并增加冗余。直流断路器控制包括保护分闸、控制分闸、合闸。断路器在检测到线路过流或自身故障时，自分断退出。

2.3.1.4　直流断路器二次系统配置

直流断路器二次系统配置如图 2-13 所示。其配置特征如下：

（1）各极线断路器的控制器（DC breaker controller，DBC）为双冗余配置，A、B 系统之间相互通信。

（2）阀基控制设备（VBC）核心板为双冗余，接口板为单套。

（3）正、负极断路器各有 4 个 VBC 机箱，每个 VBC 机箱接转移支路 50kV 基本单元全桥子模块和主支路 1 组并联全桥子模块（第 4 个 VBC 机箱未接主支路模块）。

2.3.1.5　断路器工作状态

1. 断路器分合态

断路器分合态是对 PCP 上报的分合状态，是断路器整体对外呈现的通断状态。

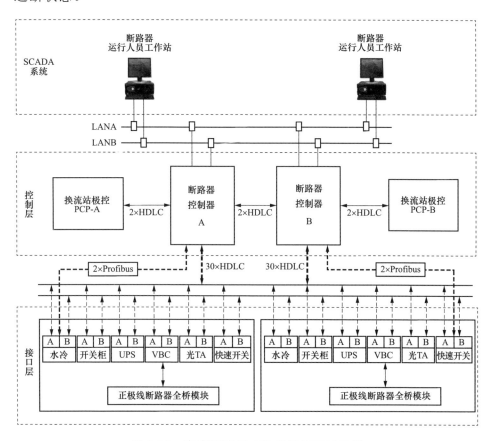

图 2-13　直流断路器二次系统框架示意图

断路器主支路和转移支路至少有一者导通时，断路器为合位，DBC 上报合状态；否则上报分状态。即：

合位——（快速开关合&主支路模块开通）|（转移支路开通）。

分位——（快速开关分|主支路模块关断）&（转移支路关断）。

其中：

快速开关分——6 个极柱至少一个状态为分位；

快速开关合——6 个极柱状态均为合位。

2. 断路器上电自检

断路器上电自检流程如下：

（1）DBC 程序初始化后进入自检状态，"阀保护投入"无效，DCB_OK 为"0"。

（2）供能开关柜上电 5min 后，"阀保护投入"置为有效。

（3）"阀保护投入"无效时 DBC 不检快速开关和全桥子模块相关故障；"阀保护投入"有效后，DBC 开始检快速开关和全桥子模块相关故障。

（4）自检时，DBC 根据表 2-1 所列故障进行判断。当发生表中所列故障时，认为自检不正常；当未发生表中所列故障时，认为自检正常。

表 2-1   自检时需要检测的故障

序号	故障
1	线路过流
2	主支路过流
3	转移支路过流
4	子模块故障
5	快速开关故障
6	快速开关 6 个极柱状态不一致
7	通信故障
8	供能故障
9	光 TA 故障
10	水冷系统故障

2.3.1.6 断路器冗余配置

1. 全桥子模块和快速开关的冗余配置（移动改到一次设备）

断路器中全桥子模块故障后可进行旁路，快速开关极柱故障后可保持合态，全桥子模块及快速开关的冗余配置如下：

（1）主支路冗余 1 组并联全桥子模块。

（2）转移支路 50kV 基本单元冗余 2 个全桥子模块。

（3）每台断路器中快速开关 6 个极柱中冗余 2 个极柱。

（4）当故障模块数或故障极柱数量超过冗余数时，断路器将不具备分断能力。

2. 断路器控制器的冗余逻辑

（1）直流断路器在稳态下，DBC 根据 PCP 下发给两个系统的值班（主从）改为值班备用脉冲信号，决定自身的值班状态；分合闸过程中，DBC 保持原来的主从状态不变化。

（2）从系统跟随主系统的工作状态和指令。

（3）DBC 两个系统均接收到双从后报紧急故障，双主只报事件不报故障。

2.3.1.7 分闸控制策略

断路器分闸控制流程如图 2-14 所示，保护分闸和控制分闸流程大致相同，区别在于快速开关分断时间不同。

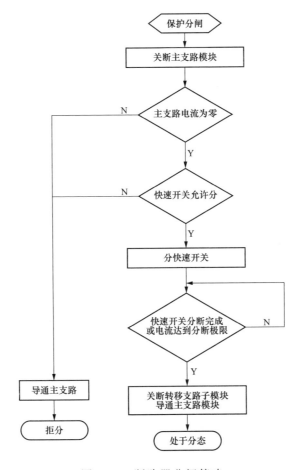

图 2-14 断路器分闸策略

断路器分闸过程中需注意以下几个问题：

（1）主支路全桥模块闭锁后，主支路电流超过一定时间未达到零，将重新触发主支路全桥模块，直流断路器分断失败，进入合态。

（2）快速开关分断过程中，转移支路电流达到分断极限值，转移支路关断。

（3）控制分闸过程中在下发快速开关分闸命令前，如果检测到线路过流则转到保护分闸流程。

2.3.1.8 合闸控制策略

根据断路器的运行原理，先将转移支路触发导通，使得转移支路投入运行，断路器接入系统，再闭合快速开关，实现主支路和转移支路的电流转移过程，完成断路器合闸过程，合闸控制策略如图2-15所示。

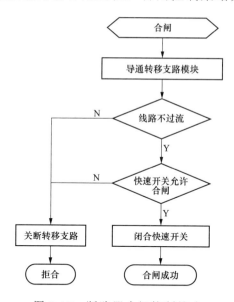

图 2-15 断路器合闸控制策略

断路器合闸过程中需注意以下几个问题：

（1）转移支路全桥模块导通后，线路过流，直流断路器关断。

（2）转移支路全桥模块导通后，快速开关不允许合闸，直流断路器关断。

2.3.1.9 断路器故障保护策略

1. 断路器分合闸过程中的保护策略

（1）直流断路器分合闸过程中，不请求系统切换，不更新PCP下发的值班状态。

（2）直流断路器合闸过程中，发生线路过流时，断路器将自分断。

（3）直流断路器控制分过程中，发生线路过流时，断路器将转保护分。

2. 断路器稳态下的保护策略

（1）在合态下故障保护策略主要有报文警告、自分断、旁路主支路模块、不允许分闸、请求系统切换、请求退出（舟定换流站停运）。

（2）在合态下报紧急故障请求切系统时，在规定时间内无法完成切换，则控制分断。

（3）在分态下，全桥子模块故障未达到冗余数可以合闸。

2.3.2　直流断路器监控系统

2.3.2.1　人机界面的使用

运行人员人机界面实现换流站关键设备运行状态实时显示、系统运行参数实时显示、告警事件实时主动上报和"四遥"（遥测、遥信、遥控、遥调）操作等功能。

人机界面在结构上由监控窗口和告警窗口两部分组成，监控窗口包含主接线（断路器本体）、站网结构、遥信窗口、UPS 界面、开关柜界面、水冷界面、断路器子模块、事件窗口 8 个页面，事件窗口包含全部事项、紧急、报警、轻微、正常 5 个页面。

主接线界面如图 2-16 所示。

断路器站控 DB200-SCPA（B）向后台发送分合状态、控制分闸、保护分闸、合闸以及断路器站控 DB200-SCPA（B）的运行状态信息，后台界面根据断路器站控 DB200-SCPA（B）上发的信息进行相应的显示。这些模块在工程应用时期只有显示功能，不能进行操作。

各种状态表示定义如下：

分闸状态：断路器站控 DB200-SCPA（B）上发的分闸状态为分闸时，分闸按钮点亮红色，合闸按钮为绿色。

合闸状态：断路器站控 DB200-SCPA（B）上发的分闸状态为合闸时，分闸按钮点亮绿色，合闸按钮点亮红色。

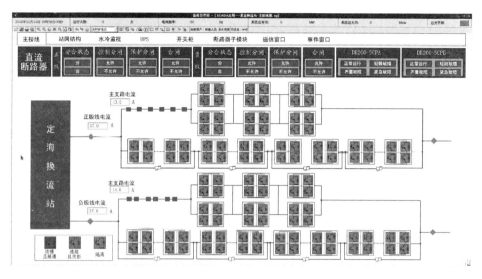

图 2-16　主接线界面

运行状态：断路器站控 DB200-SCPA（B）上发的运行状态为正常运行时，正常运行灯为红色，轻微故障、严重故障、紧急故障灯都为绿色。

轻微故障：断路器站控 DB200-SCPA（B）上发的运行状态为轻微故障时，轻微故障灯为红色，正常运行、严重故障、紧急故障灯都为绿色。

严重故障：断路器站控 DB200-SCPA（B）上发的运行状态为严重故障时，严重故障灯为红色，正常运行、轻微故障、紧急故障灯都为绿色。

紧急故障：断路器站控 DB200-SCPA（B）上发的运行状态为紧急故障时，紧急故障灯为红色，正常运行、轻微故障、严重故障灯都为绿色。

隔离开关和快速隔离开关有两种状态：合为红色，分为绿色。

子模块状态有 3 种：红色为连接且导通；橙色为连接且关断；灰色为隔离。

主支路子模块状态显示：

（1）当两侧隔离开关分开时，子模块为灰色，处于隔离状态。

（2）当两侧隔离开关合上，快速隔离开关也合上（VBC 下发指令"子模块导通"）时，子模块为红色，处于连接且导通状态。

（3）当两侧隔离开关合上，快速隔离开关分开（VBC 下发指令"子模块导通"）时，子模块为橙色，处于连接且关断状态。

转移支路子模块显示：

（1）当 VBC 下发指令"子模块导通"时，子模块为红色，处于连接且导通状态。

（2）当 VBC 下发指令"子模块闭锁"时，子模块为灰色，处于隔离状态。

2.3.2.2 站网结构

站网结构界面如图 2-17 所示。

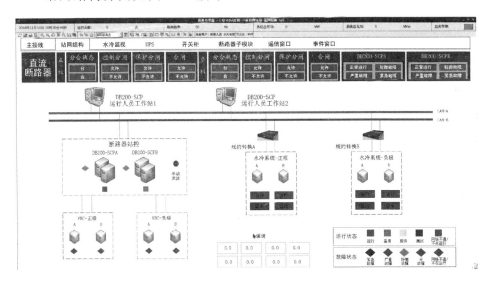

图 2-17 站网结构界面

站网结构界面主要分为运行工作站 1（DB-SCP1）和运行工作站 2（DB-SCP2），工作站又包括断路器站控、VBC、水冷系统、规约转换器。界面上的所有按钮只有显示功能，不能进行操作。

VBC 分为正极 A、B 和负极 A、B，VBC-正极（负极）与断路器站控 DB200-SCPA（B）相连接，VBC 的 A、B 系统信息经过站控系统的搜集整理后传给后台工作站；水冷系统的信息经过规约转换器转换后送给后台工作站。

水冷系统分为正极 A、B 和负极 A、B，水冷系统—正极（负极）通过规约转换器 A（B）与站网通信。

在断路器站控系统中，每一个控制保护装置的状态用不同颜色的方框来区分：

红色方框——运行。

绿色方框——备用。

黄色方框——服务状态。

紫色方框——测试模式。

灰色方框——网络不通不在运行。

断路器站控系统附加一个菱形符号，表示该装置是否存在故障及其故障程度（需与规范完全一致）：

绿色菱形——正常无故障。

粉色菱形——系统存在轻微故障。

红色菱形——系统存在严重故障。

褐色菱形——系统存在紧急故障。

灰色菱形——网络不通/不在运行。

水冷系统A（B）有两个显示灯，当"运行"灯点亮红色时，"退出"灯点亮绿色时，水冷系统A（B）处于运行状态；当"退出"灯点亮红色时，"运行"灯点亮绿色时，水冷系统A（B）处于停运状态。

2.4 高压直流断路器辅助系统

2.4.1 高压直流断路器冷却系统

高压直流断路器冷却系统是换流站直流断路器重要的辅助设备，决定了整个直流断路器可靠的运行。舟山柔直工程中，正、负极两台高压直流断路器分别配备了一套对应的水-空冷却系统。

正、负极高压直流断路器水冷系统由两个冷却循环组成：①内冷水循环。采用氮气密封技术，独立的闭式循环水冷却系统。②外风冷循环。冷却系统设置就地控制和中央控制，自动控制采用 PLC，控制器将冷却系统进出阀温度、进出阀压力、电导率、流量、液位等参数进行监控、显示和调节。

以舟定换流站正极高压直流断路器冷却系统为例，型号为 LSF820A-30-2-6-1，其中：

LSF820——电能质量治理类装置水冷系统；A——系统具有自动补水

功能；30——额定冷却容量（kW）；2——冷却水额定流量（m/h）；6——电加热器功率（kW）；1——电动比例阀。

高压直流断路器冷却控制系统产品型号为 LSKZ300-01-22-01，其中：

LSKZ——表示水冷控制设备；

300——表示被冷却设备的功率为 300kW 及以下；

01——表示冷却容量为 30kW；

22——表示双控制系统双电源；

01——表示产品序列号。

2.4.1.1 高压直流断路器冷却系统

舟定换流站高压直流断路器冷却系统采用氮气密封技术，通过氮气回路来维持系统的水质稳定和压力恒定。该系统主要由空气冷却器、循环水泵、脱气罐、膨胀罐、去离子回路、氮气系统、补水装置、配电及控制等设备组成。图 2-18 为直流断路器冷却系统。

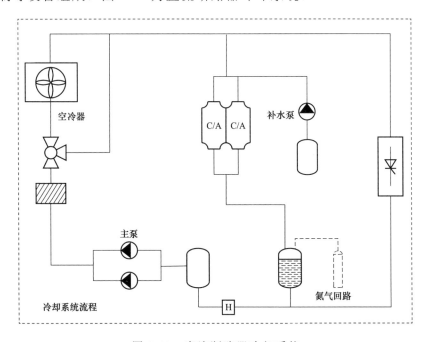

图 2-18 直流断路器冷却系统

在高压直流断路器中进行热交换而升温的冷却介质，由循环水泵升压送至室外散热器，散热器配置有换热管及风机，风机驱动室外大气流向换热管束外表面，通过散热器表面对流传热，将管内水的热量传输给散热器外流动的空气。通过散热器和冷风之间的热交换，使管束内的介质得以冷却，降温后的冷却水再进入发热元件进行冷却，如此周而复始地循环。

为了控制进入内冷却水的电导率，在主循环回路上并联一水处理回路。水处理回路主要由一用一备的离子交换器和交换器出水段的精密过滤器组成。系统运行时，部分内冷却水将从主循环回路旁通进入水处理装置进行去离子处理，去离子后的内冷却水其电导率将会降低，处理后的内冷却水再回至主循环回路。通过水处理装置连续不断地运行，内冷却水的电导率将会被控制在断路器所要求的范围之内。同时为防止交换器中的树脂被冲出而污染冷却水水质，在交换器出水口设置一精密过滤器。

为保证内冷却水回路中维持恒定压力和水量，设置氮气回路。氮气稳压回路设置一台氮气瓶，为膨胀罐提供压力，确保最高处管道充满介质。氮气瓶内为高纯氮。为降低阀组承压，提高阀组件的运行安全，冷却水回路将阀组布置在循环水泵入口端。

内冷却水补水回路主要由补水泵、补水过滤器及离子交换器等组成。系统运行时，当膨胀罐的水位低于设定值，则补充水泵会自动启动进行补水。补充水为外购的纯水，补充水经补水泵驱动先经过补水过滤器，再经过离子交换器以保证补充水的电导率满足阀组的要求。

外风冷循环主要由换热管束、风机、电机、风筒、风箱、构架等组成。每台空气冷却器换热管束设置 2 台风机，工频运行。

2.4.1.2　冷却系统控制设备

1. 控制单元结构

PLC 是阀冷系统控制与保护的核心元件，舟山柔直工程选用西门子 S7-400H 系列的 PLC。该系列 PLC 的 CPU、数字量 I/O 模块、模拟量 I/O 模块、通信模块均采用冗余配置。CPU 采用的是两个高性能 S7-414-5H 系列，且两个 CPU 配置同步模板，通过同步光纤连接，实现 CPU 硬件的冗余配置。S7-400H 采用了热备用模式的主动冗余原理，无故障时两个子单元均处于运行状态，当其中一个子单元发生故障时，可进行无扰动地自动切换，任何一个正常工作的子单元都能够独立完成整个过程的控制。

2. 工作模式

水冷控制系统控制模式分为手动模式、自动模式、停止模式，手动或自动模式均可通过控制柜上的旋钮来进行切换。

3. 手动模式

当模式开关处于手动位置，为手动模式。一般在系统检修维护及调试时采用该模式。该模式下，主泵、补水泵、电加热器、冷却风机、补气排气电磁阀、电动开关阀等电气设备都能在人机界面上通过软按钮进行手动启停操作，且相应的指示灯正确指示，与上位机的通信继续保持，通过通信向极控系统反映电气设备的状态。

4. 自动模式

（1）在线测试模式：控制柜旋钮旋至自动模式时，在人机界面选择设备在线测试模式，能在人机界面上通过软按钮对补水泵、电加热器、补气排气电磁阀、电动开关阀、电动比例阀等电气设备进行手动启停或打开关闭操作。

（2）全自动模式：控制柜旋钮旋至自动模式时，可通过人机界面的水冷启停按键对主泵进行本地启停操作。该模式下，主泵运行后，水冷控制系统根据整定参数监控水冷系统的运行状况和实时检测系统故障。在该模式下，PLC 自动控制进水温度，对水冷系统参数的超标实时发出告警，当参数严重超标有可能影响阀组安全运行时将自动发出跳闸请求信号。该模式下，主泵、电加热器、冷却风机、阀门开闭等电气设备由PLC 根据实际系统参数设置要求进行自动控制。

5. 停止模式

当模式开关处于自动与手动模式之间时为停止模式，在人机界面上不能进行任何设备启停或阀门开闭操作，与上位机的通信继续保持。

2.4.1.3　控制功能

1. 主泵控制

在水冷系统的主水路中配置两个冗余的主泵：一个为运行状态，另一个为备用状态。

手动模式下，可以通过人机界面进行手动启停主泵操作。

自动模式下，无膨胀罐液位低报警时，可以通过人机界面或远程启动水冷系统，且断路器投入无效时，可通过人机界面或远程停止水冷系统。

主泵切换包括以下几类：

（1）手动切换：通过人机界面的快捷键进行手动切换主泵功能。

（2）定时切换：运行泵和备用泵之间可以根据人机界面设定的切换时间进行定时切换主泵功能。

（3）故障切换：当运行泵回路出现故障时将自动切换到无故障的备用泵运行。

（4）冷却水流量低且进水压力低切换：当主回路出现冷却水流量低和进水压力低时将会自动切换到无故障的备用泵运行；如果切换后仍然存在冷却水流量低和进水压力低报警，备用泵继续运行。

2. 温度控制

水冷系统通过调节电加热器、电动比例阀、风机运行组数共同完成进水温度的调节。

断路器运行时要求进水温度维持在要求范围内，并且保持温度基本稳定，严禁进水温度骤升骤降，所以要求水冷控制系统可以随时调节因阀散热变化而引起的进水温度的变化，保证进水温度稳定在设定范围内。

（1）电加热器控制。

根据进水温度或凝露温度的不同，自动启动或停止电加热器，保证进水温度在要求范围。当运行电加热器出现故障时将停止故障电加热器。

（2）电动比例阀。

水冷系统配置 1 台电动比例阀，在自动模式下，其可根据进水温度自动控制进入空冷器的阀门开度。其根据进水温度不同，电动比例阀开度分为最小开度（定值设定）、50%、75%和100% 4 个开度档位。当进水温度高于某个温度值或进水温度传感器故障时，保持电动比例阀全开。当进水温度低于某个温度值后，保持电动比例阀的最小开度。

（3）风机控制。

水冷系统共配置 2 台冷却风机，均为工频风机。分为 2 组进行控制，M01 为第 1 组风机，M02 为第 2 组风机，按照先起先停、轮循启停风机的控制功能。在自动模式下，风机能够根据启动温度、停止温度及进水温度目标值自动控制风机的运行组数。当一组运行风机故障或该运行风机切换时间到时，自动切换至备用风机继续运行。当进水温度大于某一给定值或进水温度传感器故障时，风机全部工频运行。

3．补水控制

手动或在线测试模式下，可通过人机界面对补水泵、补水电动开关阀进行启停或打开关闭控制。

自动模式下，当膨胀罐液位低于补水泵启动液位值时，补水电动开关阀打开后自动启动补水泵进行补水；当膨胀罐液位高于补水泵停止液位值时，停止补水泵，同时关闭补水电动开关阀。

在补水电动开关阀打开或关闭过程中，延时 2min 无相应开到位信号时，水冷系统将发出电动开关阀故障信息，同时可在人机界面补水控制中进行手动复归。

4．补气排气控制

手动或在线测试模式下，可通过人机界面对补气阀、排气阀进行打开或关闭操作。

全自动模式下，水冷系统补气控制完全根据膨胀罐压力与补气阀、排气阀的开闭控制参数进行自动控制。

在补气或排气过程中，若膨胀罐压力增加值或减小值小于一定值时，水冷系统将发出补气阀/排气阀故障报警信息，且该报警可在人机界面上进行手动复归。

5．跳闸保护功能

（1）温度保护。

如果进水温度值大于进水温度超高设定值，并持续一段时间后，水冷控制系统发出跳闸请求信号。

如果进水温度值小于进水温度超低设定值，并持续一段时间后，水冷控制系统发出跳闸请求信号。

（2）流量压力保护。

如果进水压力值小于进水压力超低设定值且冷却水流量低于冷却水流量低设定值，并持续一段时间后，水冷控制系统发出跳闸请求信号。

如果进水压力值小于进水压力超低设定值且冷却水流量传感器故障，并持续一段时间后，水冷控制系统发出跳闸请求信号。

如果冷却水流量值小于冷却水流量超低设定值且进水压力小于进水压力低设定值，并持续一段时间后，水冷控制系统发出跳闸请求信号。

如果冷却水流量值小于冷却水流量超低设定值且进水压力大于进水

压力高设定值，并持续一段时间后，水冷控制系统发出跳闸请求信号。

如果两台主泵均故障且进水压力低并持续一段时间后，水冷控制系统发出跳闸请求信号。

（3）液位保护。

如果膨胀罐液位传感器测量值低于膨胀罐液位超低定值且持续一时间后，水冷控制系统装置发出跳闸请求信号，同时发出水冷系统请求停运信号。

（4）泄漏保护。

当膨胀罐液位下降速率超过泄漏保护定值折算速率时，发泄漏跳闸请求信号，同时发出水冷系统请求停运信号。

2.4.1.4 冷却系统巡检

1. 周巡检

周巡检是日常维护的主要内容。日常维护应做到粗中有细，从设备运行的状态、振动情况、噪声分析设备是否存在安全隐患。周巡检的内容如表 2-2 所示。

表 2-2　　　　　　　　周巡检的主要内容列表

序号	巡检项目		操作方法	判断标准
1	屏柜运行指示灯	水冷系统控制柜	观察各个屏柜的运行指示灯的状态	正常均为绿灯亮
2				正常均为绿灯亮
3	现场设备	主循环泵风机	观察设备运行状态	运行方向与设备标识一致；无异常噪声
4	后台显示	主循环泵、补水泵运行状态	观察水泵实际运行状态及后台显示状态	状态一致

2. 年度检修

年度检修通常是在系统检修时停机维护，对于周巡检及月巡检不能解决的事项，在年度检修时可以维护或更换设备。年检内容除包含月巡检、周巡检内容外，还增加表 2-3 中的巡检内容。

表 2-3　　　　　　　　月巡检其他巡检内容列表

序号	巡检项目		操作方法	判断标准
1	后台显示	液位值	观察就地显示液位值与后台显示液位值	液位一致

序号	巡检项目		操作方法	判断标准
2	后台显示	温度值	观察各个点的互为冗余的两个温度传感器后台显示值	互为无冗余的温度传感器后台显示值一致
3		压力值	观察就地显示值与后台传感器显示压力值	与就地显示值一致，且互为冗余的传感器差值一致
4		电导率值	观察后台显示数值与就地显示值	电导率值一致
5		主回路流量值	观察流量计就地显示值及后台显示	流量值一致，且稳定
6		去离子流量值	观察流量计就地显示值	流量值稳定
7	系统巡查	管路连接螺栓、密封圈	用干燥的抹布、纸巾擦拭阀门螺栓连接处、焊缝	用干燥的抹布、纸巾擦拭后，抹布、纸巾仍然干燥
8		空冷器风机	观察风机是否运转正常	风机无明显振动或异响
9	控制柜	散热风扇工作情况	查看散热风扇工作情况	能够正常散热，保持控制柜内温度在厂家所提供的范围

2.4.2 高压直流断路器供能系统

200kV 直流断路器有 4 个阀层，由 1 台 200kV 供能隔离变压器通过高压供能电缆供电，如图 2-19 所示。

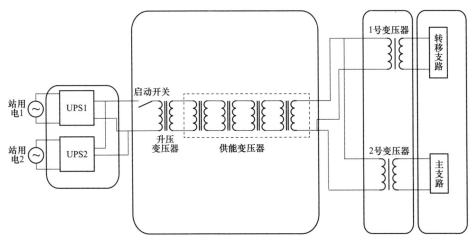

图 2-19 高频供能系统原理示意图

完整的供能系统包括 2 套 UPS 系统、电源开关柜、供能变压器、高压供能电缆和取能磁环等，见表 2-4。

表 2-4 供 能 系 统

序号	设备名称	功 能
1	UPS	用于向供能系统提供可靠电源
2	电源开关柜	分合供能系统
3	供能变压器	隔离直流母线电压，传输能量
4	分布式变压器	将能量分配至转移支路和主支路
5	分布式电抗器	抑制供能回路电压波动，限制供能回路电流
6	供能电缆、磁环	为子模块提供能量
7	电源模块	整流稳压

1. 交流不间断电源（UPS）

200kV 高压直流断路器交流不间断电源由两台 UPS 并机组成，其原理如图 2-20 所示。

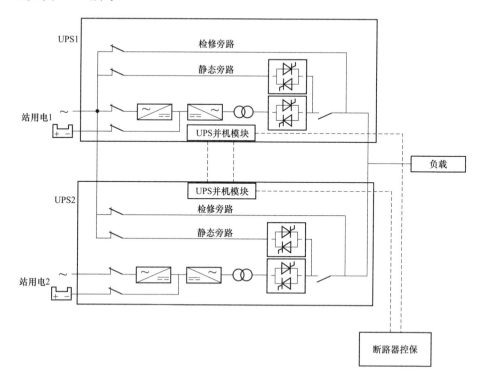

图 2-20 交流不间断电源原理图

UPS 采用并联配置方式，可稳定可靠运行，其工作模式为：

（1）正常运行：UPS1 主支路接站用电 1，UPS2 主支路接站用电 2，两路 UPS 并联供电，各承担 50%负荷，因同步性产生的环流控制在 1%。

（2）其中一套 UPS 故障：当 UPS1（或 UPS2）故障时，其主机闭锁退出，另一套 UPS 主支路承担 100%负荷，并可长期在此状态下运行。

（3）另一套 UPS 故障：当 UPS2（或 UPS1）也发生故障时，两条 UPS 主支路均闭锁退出，切换至两路静态旁路并联供电，并可长期在此状态下运行，切换时间在 1ms 以内。

（4）UPS 检修：负载切换至检修旁路后 UPS 主支路闭锁退出，由检修旁路向负载供电。

（5）旁路电源：两套 UPS 的静态旁路和检修旁路需连接同一站用电，以保证向负载输出的同步性。

（6）在负载波动、过载或后端出现故障时，需有应急机制及时将负载转移至旁路，并闭锁主支路以保护 UPS 主支路内主要部件，转移时间在 1ms 以内。

UPS 单机有 3 路输入，分别为站用电连接静态旁路供电、站用电连接整流支路供电和蓄电池支路供电。因此输入侧有 3 个开关，即静态旁路输入断路器（RESERVE）、整流输入断路器（RECTIFIER）、蓄电池输入断路器（BATTERY）。UPS 单机为 1 路输出，输出侧开关为输出断路器（OUTPUT）。UPS 开关面板如图 2-21 所示。

图 2-21　UPS 开关面板

2. 电源开关柜

电源开关柜具有以下特点：

（1）进出线方式：电缆下部进线，电缆下部出线。

（2）柜门形式：柜前开门。

（3）柜体正面上部设计就地操作状态指示灯及电压电流表计。

（4）开关就地操作只允许通过柜内空气断路器进行投切，柜体面板设计显示用的指示灯及表计。

（5）为抑制上电瞬间变压器的励磁涌流，采用投切限流电阻的方式来实现供能系统的软启动。

开关柜原理图如图 2-22 所示。

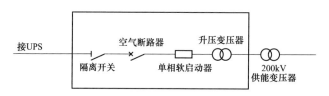

图 2-22　开关柜原理

当供能系统投入时，为防止冲击电流对站用电的影响，先投入软启动装置。同时开关柜上方设计有断路器状态指示灯。断路器状态指示灯"红灯亮"表示断路器处于投入状态，状态指示灯"绿灯亮"表示断路器处于退出状态。

开关柜内所有辅助电路供电从 UPS 输出侧引入，所有控制及指示部分均采用两路独立供电设计。开关柜在分合闸过程中，需要给断路器控制保护系统上传开关柜上电、掉电信号。

电源开关柜分合闸操作流程如下：

（1）合闸操作流程：合空气断路器→上送开关柜上电状态。

（2）分闸操作流程：上送开关柜掉电状态→延时 100ms→分空气断路器。

2.4.3　高压直流断路器测量系统

200kV 高压直流断路器快速故障检测系统由纯光纤电流互感器及其快速处理电子单元等组成。

直流电流测量设备共配置 4 个测点，如图 2-23 所示。每个测点纯光纤式互感器配置方案如下：

测点 0 配置 3 套纯光纤式电流互感器。

测点 1 配置 2 套纯光纤式电流互感器。

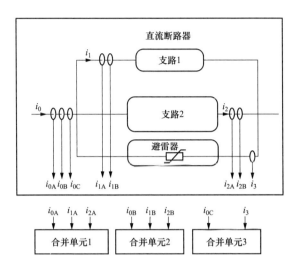

图 2-23 各测点传感器及合并单位配置

测点 2 配置 2 套纯光纤式电流互感器。

测点 3 配置 1 套纯光纤式电流互感器。

同一测点的每套电流互感器采用不同的合并单元输出，合并单元数量为 3 个。不同测点的电流互感器可以共用合并单元。

每个合并单元至少有 4 个数据出口。

直流断路器运维技术　3

高压直流断路器可实现柔直输电系统故障后健全子系统的稳定运行和网络重构，大幅度降低故障电流对换流站设备和交流系统的冲击，实现单个换流站和直流线路的快速带电投退，并在故障清除后实现系统的快速启动，解决因直流系统电压不存在自然过零点导致无法开断的难题，是柔性直流输电系统中最为核心的设备之一。本章结合舟山柔直工程直流断路器运维典型经验，从加装直流断路器后各间隔的设备状态定义、典型操作任务、设备巡视要求、应急处置流程 4 个角度介绍直流断路器运维的相关内容。

3.1 设 备 状 态 定 义

舟山柔性直流输电系统一次主要设备包括交流线路、联结变压器、换流器、直流母线、直流线路等。有直流母线站（舟岱站和舟洋站）和无直流母线站（舟定站、舟衢站和舟泗站）一次接线稍有不同。其中，±200kV 高压直流断路器安装于舟定站（下文图中以舟定站标注），涉及换流器间隔和直流线路间隔的设备状态定义，下文进行详细介绍。图 3-1 为舟山柔直换流站一次系统示意图。

3.1.1　直流线路间隔状态定义

（1）开关检修：直流线路正负极开关及两侧隔离开关在拉开位置，开关两侧接地闸刀合上位置，线路接地闸刀在拉开位置。

（2）线路检修：直流线路正负极开关及两侧隔离开关在拉开位置，开关两侧接地闸刀拉开位置，线路接地闸刀在合上位置。

（3）冷备用：安全措施拆除，直流线路正负极开关及两侧隔离开关、开关两侧接地闸刀和线路接地闸刀在拉开位置。

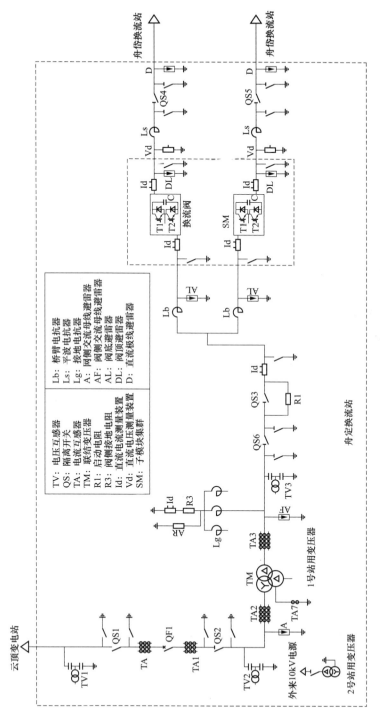

图 3-1 舟山柔直换流站一次系统示意图

（4）运行：安全措施拆除，直流线路正负极开关及两侧隔离开关在合上位置、开关两侧接地闸刀和线路接地闸刀在拉开位置。

3.1.2 换流器间隔状态定义

1. 换流器检修

联结变压器开关和两侧隔离开关在拉开位置，启动电阻旁路闸刀拉开位置，直流线路正负极开关及两侧隔离开关拉开位置，换流器相关接地闸刀在合上位置，如图3-2所示。

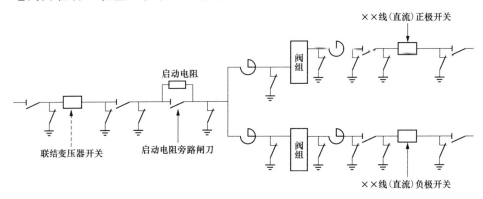

图 3-2　换流器检修示意图（无直流母线站）

2. 阀厅检修

联结变压器开关和两侧隔离开关在拉开位置，启动电阻旁路闸刀拉开位置，直流线路正负极开关及两侧隔离开关拉开位置，阀厅出口接地闸刀在合上位置，其余换流器相关接地闸刀在拉开位置，如图3-3所示。

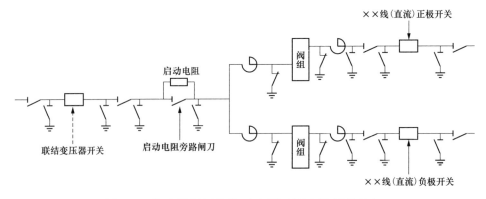

图 3-3　换流器阀厅检修示意图（无直流母线站）

3. 冷备用

安全措施拆除，联结变压器开关和两侧隔离开关在拉开位置，启动电阻旁路闸刀拉开位置，直流线路正负极开关及两侧隔离开关拉开位置，换流器相关接地闸刀在拉开位置，如图3-4所示。

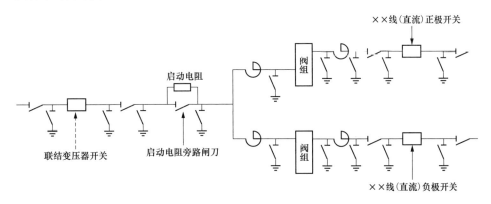

图 3-4　换流器冷备用示意图（无直流母线站）

4. 极隔离

联结变压器开关在拉开位置，联结变压器开关两侧隔离开关合上位置，启动电阻旁路闸刀拉开位置，直流线路正负极开关及两侧隔离开关拉开位置，换流器相关接地闸刀在拉开位置，如图3-5所示。

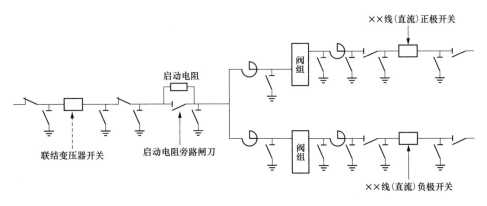

图 3-5　换流器极隔离示意图（无直流母线站）

5. 热备用

联结变压器开关在拉开位置，联结变压器开关两侧隔离开关合上位置，启动电阻旁路闸刀合上位置，直流线路正负极开关及两侧隔离开关拉开位置，换流器相关接地闸刀在拉开位置，如图 3-6 所示。

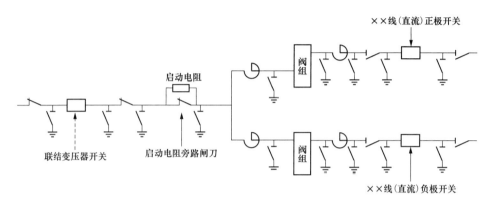

图 3-6　换流器热备用示意图（无直流母线站）

6. 极连接

联结变压器开关在拉开位置，联结变压器开关两侧隔离开关合上位置，启动电阻旁路闸刀拉开位置，直流线路正负极开关及两侧隔离开关合上位置，换流器相关接地闸刀在拉开位置，如图 3-7 所示。

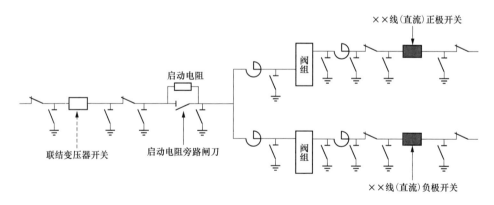

图 3-7　换流器极连接示意图（无直流母线站）

7. 无源 HVDC 充电

联结变压器开关在拉开位置，联结变压器开关两侧隔离开关合上位置，启动电阻旁路闸刀合上位置，直流线路正负极开关及两侧隔离开关合上位置，换流器相关接地闸刀在拉开位置，阀闭锁，换流阀在无源 HVDC

运行模式如图 3-8 所示。

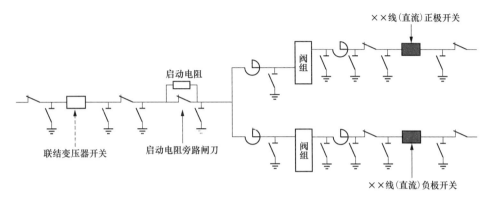

图 3-8　换流器无源 HVDC 充电示意图（无直流母线站）

8. 有源 HVDC 充电

联结变压器开关在合上位置，联结变压器开关两侧隔离开关合上位置，启动电阻旁路闸刀合上位置，直流线路正负极开关及两侧隔离开关合上位置，换流器相关接地闸刀在拉开位置，阀闭锁，换流阀在有源 HVDC 运行模式如图 3-9 所示。

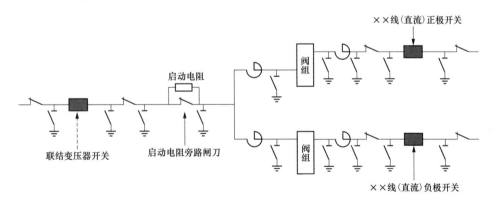

图 3-9　换流器有源 HVDC 充电示意图（无直流母线站）

9. STATCOM 充电

联结变压器开关在合上位置，联结变压器开关两侧隔离开关合上位置，启动电阻旁路闸刀合上位置，直流线路正负极开关及两侧隔离开关拉开位置，换流器相关接地闸刀在拉开位置，阀闭锁，如图 3-10 所示。

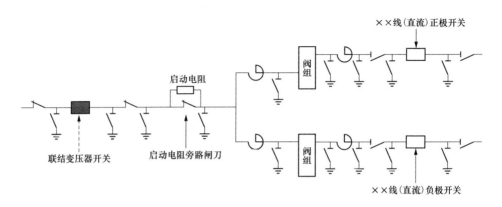

图 3-10　换流器 STATCOM 充电示意图（无直流母线站）

10. 有源 HVDC 运行

联结变压器开关在合上位置，联结变压器开关两侧隔离开关合上位置，启动电阻旁路闸刀合上位置，直流线路正负极开关及两侧隔离开关合上位置，换流器相关接地闸刀在拉开位置，阀以有源 HVDC 控制方式触发导通，如图 3-11 所示。

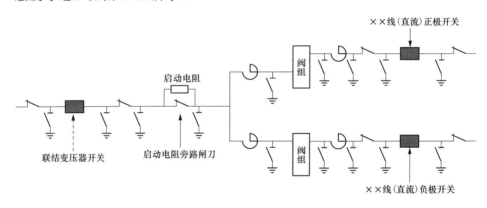

图 3-11　换流器有源 HVDC 运行示意图（无直流母线站）

11. 无源 HVDC 运行

联结变压器开关在合上位置，联结变压器开关两侧隔离开关合上位置，启动电阻旁路闸刀合上位置，直流线路正负极开关及两侧隔离开关合上位置，换流器相关接地闸刀在拉开位置，阀以无源 HVDC 控制方式触发导通，如图 3-11 所示。

12. STATCOM 运行

联结变压器开关在合上位置，联结变压器开关两侧隔离开关合上位置，启动电阻旁路闸刀合上位置，直流线路正负极开关及两侧隔离开关拉开位置，换流器相关接地闸刀在拉开位置，阀以 STATCOM 控制方式触发导通，如图 3-12 所示。

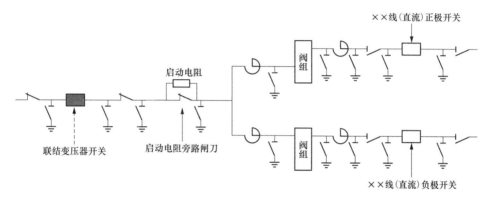

图 3-12　换流器 STATCOM 运行示意图（无直流母线站）

3.1.3　换流器运行状态

换流器在 3 种不同运行模式下对应的状态为：

（1）有源 HVDC 运行模式换流器对应状态：检修、冷备用、极隔离、热备用、极连接、有源 HVDC 充电、有源 HVDC 运行、无源 HVDC 充电。

（2）无源 HVDC 运行模式换流器对应状态：检修、冷备用、极隔离、热备用、无源 HVDC 充电、无源 HVDC 运行。

（3）STATCOM 运行模式换流器对应状态：检修、冷备用、极隔离、热备用、STATCOM 充电、STATCOM 运行。

3.2　典型操作任务

3.2.1　高压直流断路器不带电分合闸流程

高压直流断路器在正式带电之前，应进行不带电分、合闸操作，以验证其关键设备运行是否正常。

1. 不带电合闸流程

（1）启动送能电源，断路器一次设备工作。

（2）若断路器组件报故障，复位清除故障，若依然存在故障，查找问题。

（3）从站控界面点击"断路器合闸"，断路器合闸。

（4）断路器运行人员操作界面显示快速开关闭合，合闸结束。

2. 不带电分闸流程

（1）在站控操作界面点击"断路器分闸"。

（2）分闸完成后，界面会显示"断路器分位"，分闸操作完毕。

3.2.2 典型操作任务

1. 换流站由检修改为有源 HVDC 运行（单站站内操作）

（1）××线（交流）由（开关及）线路检修改为冷备用。

（2）许可联结变压器改为冷备用。

（3）××线（交流）由冷备用改为运行（对联结变压器充电）。

（4）联结变压器 10kV 侧可恢复运行，站用电方式由本站自行掌握。

（5）直流母线由检修改为冷备用。

（6）××线（直流）由线路检修改为冷备用。

（7）换流器由检修改为冷备用。

（8）××线（直流）由冷备用改为运行。

（9）换流器由冷备用改为极连接。

（10）换流器由极连接改为有源 HVDC 充电。

（11）换流器由有源 HVDC 充电改为有源 HVDC 运行。

注 1：有源 HVDC 运行的换流器控制模式包括 4 种模式。

（1）模式 1：定直流电压控制，直流电压××kV；定交流电压控制，交流电压××kV，变化速率××kV/min。

（2）模式 2：定直流电压控制，直流电压××kV；定无功功率控制，无功输出××Mvar，变化速率××Mvar/min。

（3）模式 3：定有功功率控制，有功输出××MW，变化速率××MW/min；定交流电压控制，交流电压××kV，变化速率××kV/min。

（4）模式 4：定有功功率控制，有功输出××MW，变化速率××MW/min；定无功功率控制，无功输出××Mvar，变化速率××Mvar/min。

注 2：换流器由冷备用改为极连接，包含换流器由冷备用改为极隔离、换流器由极隔离改为极连接。

2. 换流站由有源 HVDC 运行改为检修（单站站内操作）

（1）换流器由有源 HVDC 运行改为极隔离。

（2）换流器由极隔离改为冷备用。

（3）××线（直流）由运行改为冷备用。

（4）换流器由冷备用改为检修。

（5）××线（直流）由冷备用改为线路检修。

（6）直流母线由冷备用改为检修。

（7）××线（交流）准备停，请切换站用电方式。

（8）汇报站用电方式切换完毕，××线（交流）可以停。

（9）××线（交流）由运行改为冷备用。

（10）许可联结变压器改冷备用/检修。

（11）××线（交流）由冷备用改为（开关及）线路检修。

3. 换流站由检修改为无源 HVDC 运行（被启动站单站站内操作）

（1）直流母线由检修改为冷备用。

（2）××线（直流）由线路检修改为冷备用。

（3）××线（交流）由（开关及）线路检修改为冷备用。

（4）换流器由检修改为冷备用。

（5）许可联结变压器改为冷备用。

（6）××线（直流）由冷备用改为运行。

（7）换流器由冷备用改为无源 HVDC 充电。

（8）换流器由无源 HVDC 充电改为无源 HVDC 运行。

（9）联结变压器 10kV 侧可恢复运行，站用电方式由本站自行掌握。

（10）××线（交流）由冷备用改为运行。

注：换流器由冷备用改为无源 HVDC 充电，包含换流器由冷备用改为极隔离，换流器由极隔离改为无源 HVDC 充电。

4. 换流站由检修改为 STATCOM 运行

（1）××线（交流）由（开关及）线路检修改为冷备用。

（2）许可联结变压器改为冷备用。

（3）××线（交流）由冷备用改为运行（对联结变压器充电）。

（4）联结变压器 10kV 侧可恢复运行，站用电方式由本站自行掌握。

（5）换流器由检修改为冷备用。

（6）换流器由冷备用改为 STATCOM 充电。

（7）换流器由 STATCOM 充电改为 STATCOM 运行。

注 1：STATCOM 的换流器控制模式包括 2 种模式。

（1）模式 1：定直流电压控制，直流电压××kV；定交流电压控制，交流电压××kV，变化速率××kV/min。

（2）模式 2：定直流电压控制，直流电压××kV；定无功功率控制，无功输出××Mvar，变化速率××Mvar/min。

注 2：换流器由冷备用改为 STATCOM 充电，包含换流器由冷备用改为极隔离，换流器由极隔离改为 STATCOM 充电。

5. 换流站由 STATCOM 运行改为检修

（1）换流器由 STATCOM 运行改为 STATCOM 充电。

（2）换流器由 STATCOM 充电改为冷备用。

（3）换流器由冷备用改为检修。

（4）××线（交流）准备停，请切换站用电方式。

（5）汇报站用电方式切换完毕，××线（交流）可以停。

（6）××线（交流）由运行改为冷备用。

（7）许可联结变压器改冷备用/检修。

（8）××线（交流）由冷备用改为（开关及）线路检修。

注：换流器由 STATCOM 充电改为冷备用，包含换流器由 STATCOM 充电改为极隔离，换流器由极隔离改为冷备用。

6. ××站带××线路空载加压试验

（1）××线（交流）由（开关及）线路检修改为冷备用。

（2）许可联结变压器改为冷备用。

（3）××线（交流）由冷备用改为运行（对联结变压器充电）。

（4）联结变压器 10kV 侧可恢复运行，站用电方式由本站自行掌握。

（5）直流母线由检修改为冷备用。

（6）××线（直流）由线路检修改为冷备用。

（7）换流器由检修改为冷备用。

（8）××线（直流）由冷备用改为运行。

（9）换流器由冷备用改为极连接。

（10）换流器由极连接改为有源 HVDC 充电。

（11）许可××站带××线路空载加压试验工作开始（直流电压××
kV）。

（12）汇报××站带××线路空载加压试验工作结束（直流电压××
kV）。

（13）换流器由有源 HVDC 充电改为极隔离。

（14）换流器由极隔离改为冷备用。

（15）××线（直流）由运行改为冷备用。

（16）换流器由冷备用改为检修。

（17）××线（直流）由冷备用改为线路检修。

（18）直流母线由冷备用改为检修。

（19）××线（交流）准备停，请切换站用电方式。

（20）汇报站用电方式切换完毕，××线（交流）可以停。

（21）××线（交流）由运行改为冷备用。

（22）许可联结变压器改冷备用/检修。

（23）××线（交流）由冷备用改为（开关及）线路检修。

7. ××站不带线路空载加压试验

（1）××线（交流）由（开关及）线路检修改为冷备用。

（2）许可联结变压器改为冷备用。

（3）××线（交流）由冷备用改为运行（对联结变压器充电）。

（4）联结变压器 10kV 侧可恢复运行，站用电方式由本站自行掌握。

（5）换流器由检修改为冷备用。

（6）换流器由冷备用改为 STATCOM 充电。

（7）许可××站不带线路空载加压试验工作开始（直流电压××kV）。

（8）汇报××站不带线路空载加压试验工作结束（直流电压××kV）。

（9）换流器由 STATCOM 充电改为冷备用。

（10）换流器由冷备用改为检修。

（11）××线（交流）准备停，请切换站用电方式。

（12）汇报站用电方式切换完毕，××线（交流）可以停。

（13）××线（交流）由运行改为冷备用。

（14）许可联结变压器改冷备用/检修。

（15）××线（交流）由冷备用改为（开关及）线路检修。

8. 舟山柔直 5 站以有源 HVDC 运行模式投运（舟定站定直流电压控制）

（1）5 变：××线（交流）由（开关及）线路检修改为冷备用。

（2）5 站：××线（交流）由（开关及）线路检修改为冷备用。

（3）5 站：许可联结变压器改为冷备用。

（4）5 变：××线（交流）由冷备用改为运行（充电）。

（5）5 站：××线（交流）由冷备用改为运行（对联结变压器充电）。

（6）5 站：联结变压器 10kV 侧可恢复运行，站用电方式由本站自行掌握。

（7）舟岱站、舟洋站：直流母线由检修改为冷备用。

（8）5 站：××线（直流）由线路检修改为冷备用。

（9）5 站：换流器由检修改为冷备用。

（10）5 站：××线（直流）由冷备用改为运行。

（11）5 站：换流器由冷备用改为极连接。

（12）5 站：换流器由极连接改为有源 HVDC 充电。

（13）舟定站：换流器由有源 HVDC 充电改为有源 HVDC 运行（定直流电压控制，直流电压××kV；定无功功率控制，无功输出××Mvar，变化速率××Mvar/min）。

（14）余 4 站：换流器由有源 HVDC 充电改为有源 HVDC 运行（定有功功率控制，有功输出××MW，变化速率××MW/min；定无功功率控制，无功输出××Mvar，变化速率××Mvar/min）

注："5 变"为换流站交流进线连接的 5 个交流变电站，为云顶变电站、蓬莱变电站、大衢变电站、沈家湾变电站、嵊泗变电站；"5 站"为 5 个直流换流站，为舟定换流站、舟岱换流站、舟衢换流站、舟洋换流站、舟泗换流站；"余 4 站"为除舟定换流站外的 4 个换流

站。下同。

9. 有源 HVDC 运行模式运行的舟山柔直 5 站停运（舟定站定直流电压控制）

（1）余 4 站：换流器由有源 HVDC 运行改为极隔离。

（2）舟定站：换流器由有源 HVDC 运行改为极隔离。

（3）5 站：换流器由极隔离改为冷备用。

（4）5 站：××线（直流）由运行改为冷备用。

（5）5 站：换流器由冷备用改为检修。

（6）5 站：××线（直流）由冷备用改为线路检修。

（7）舟岱站、舟洋站：直流母线由冷备用改为检修。

（8）5 站：××线（交流）准备停，请切换站用电方式。

（9）5 站：汇报站用电方式切换完毕，××线（交流）可以停。

（10）5 站：××线（交流）由运行改为冷备用。

（11）5 站：许可联结变压器改为冷备用/检修。

（12）5 变：××线（交流）由运行改为冷备用。

（13）5 站：××线（交流）由冷备用改为（开关及）线路检修。

（14）5 变：××线（交流）由冷备用改为（开关及）线路检修。

10. 柔直系统某故障跳闸后单个站退出运行

（1）换流器由热备用改为极隔离。

（2）换流器由极隔离改为冷备用。

（3）××线（交流）由运行改为冷备用。

（4）许可联结变压器改为冷备用/检修。

（5）换流器由冷备用改为检修。

（6）××线（交流）由冷备用改为（开关及）线路检修。

11. 孤岛联网转换桥臂电流定值修改

（1）（孤岛转联网前）许可××站孤岛联网转换桥臂电流定值由正常定值调整为××p.u.。

（2）（恢复交直流联网运行后）许可××站孤岛联网转换桥臂电流定值由××p.u.调整为正常定值。

12. 阀厅检修操作

（1）（换流器冷备用状态，只需进行阀厅检修）换流器由冷备用改为阀厅检修。

（2）（阀厅检修结束后复役操作）换流器由阀厅检修改为冷备用。

13. 直流控制方式操作

（1）定直流电压××kV。

（2）定有功功率输出××MW，变化速率××MW/min。

（3）定交流电压输出××kV，变化速率××kV/min。

（4）定无功功率输出××Mvar，变化速率××Mvar/min。

（5）有功控制方式由定直流电压控制改为定有功控制。

（6）有功控制方式由定有功控制改为定直流电压控制。

（7）有功控制方式由定有功控制改为定频率控制。

（8）有功控制方式由定频率控制改为定有功控制。

（9）无功控制方式由定交流电压控制改为定无功控制。

（10）无功控制方式由定无功控制改为定交流电压控制。

14. 单站投入操作

单站投入操作根据待投入的换流站对应直流线路是否在对侧空充有压状态分为以下两类：

（1）不带直流线路单站投入（待投入的换流站对应直流线路在对侧空充有压状态，待投入的换流站由换流器极隔离开始投入）：

1）确认××站具备单站投入条件。

2）××站换流器由极隔离改为 STATCOM 充电。

3）××站换流器由 STATCOM 充电改为 STATCOM 运行。

4）××站换流器由 STATCOM 运行改为有源 HVDC 充电。

5）××站换流器由有源 HVDC 充电改为有源 HVDC 运行（定有功功率控制，有功输出××MW，变化速率××MW/min；定无功功率控制，无功输出××Mvar，变化速率××Mvar/min）。

（2）带直流线路单站投入（待投入的换流站对应直流线路不在对侧空充有压状态，待投入的换流站由换流器极隔离开始投入）：

1）确认××站具备单站投入条件。

2）确认待投入××直流线路两侧均在冷备用状态。

3）××站（待投入换流站）××直流线路由冷备用改为运行（无电，仅针对有直流母线换流站操作）。

4）××站换流器由极隔离改为极连接。

5）××站换流器由极连接改为有源 HVDC 充电。

6）××站（待投入站的对侧换流站）××直流线路由冷备用改为运行（合环）。

7）××站换流器由有源 HVDC 充电改为有源 HVDC 运行（定有功功率控制，有功输出××MW，变化速率××MW/min；定无功功率控制，无功输出××MVar，变化速率××Mvar/min）。

15. 单站退出操作

（1）确认××站具备单站退出条件。

（2）××站换流器由有源 HVDC 运行改为极隔离。

16. 舟定站直流断路器开关不具备分闸能力时退出运行

（1）舟定站换流器由有源 HVDC 运行改为有源 HVDC 充电。

（2）确认其他换流站定直流电压接管成功。

（3）舟岱站定岱 2001 线由运行改为冷备用。

（4）舟定站换流器由有源 HVDC 充电改为极隔离。

3.3 设备巡视要求

3.3.1 直流断路器运行总体要求

在直流系统正常运行期间，应每天对各直流断路器中关键系统及部件进行巡检，并做好以下相关记录：

（1）直流断路器子模块状态，包括故障子模块编号、时间。

（2）直流断路器的光 TA 电流状态，包括线路电流、主支路、转移支路和避雷器支路电流。

（3）直流断路器的机械开关状态，包括开关分合闸状态、电子设备和电容状态。

（4）直流断路器供能系统状态，包括 UPS 状态、开关柜状态等。

（5）直流断路器控制保护系统状态，包括控制器、VBC、规约转换机和交换机等。

（6）冷却系统进出水流量、进出阀压力、进出阀温度、冷却系统主循环泵运行状态等。

3.3.2 日常巡检（见表3-1）

表 3-1 日 常 巡 查 列 表

序号	巡检类别	巡 检 内 容
月 查		
1	外观检查	套管无污秽现象、无破损、无裂纹；供能开关柜内清洁，无杂物，号牌摆放整齐；干式电容器无鼓肚、内部应无异常声音，无龟裂，避雷器绝缘子清洁无裂纹、破损、放电和闪烙痕迹等现象；断路器辅助断口的分合位置正确
2	数据抄录	开断次数
3	红外测温	通流回路、设备外壳无明显发热点
4	电源检查	供能开关柜各电源开关均在合上位置，具体开关包括储能电机小开关、加热器电源小开关
5	密封检查	机构箱门关闭良好；汇控柜孔洞封堵严密
6	防潮检查	供能开关柜内加热器、温控器投入正常、无结水现象
7	器件检查	供能开关柜内继电器、接触器、开关接线无发霉、锈蚀、过热现象，外观正常
8	红外测温	供能开关柜内小开关、继电器、二次端子无过热现象
年 查		
1	接地检查	设备构架及汇控柜接地连接良好
2	基础检查	构架基础平稳
3	标识检查	设备编号标识齐全、清晰、无损坏，正负极标注清晰

3.3.3 运行及注意事项

通常断路器的监视和控制系统会保护断路器在各种正常和非正常运行条件下不被损坏，并没有特殊的限制使断路器停运或者不具备分断能力。

出于对断路器安全的考虑，出现下列情况断路器必须停运：

（1）供能系统断电。

（2）断路器快速开关误分。

（3）断路器内冷却液大量渗漏。

（4）冷却液电导率和进水口温度过高。

（5）冷却液流速过低。

出现下列情况断路器不具备分断电流能力：

（1）转移支路全桥模块中超过 8 个全桥模块损坏（冗余已无）。

（2）转移支路全桥模块中每层同时存在 2 个及以上全桥模块无法触发开通。

（3）主支路超过 2 个串联全桥模块损坏。

（4）快速机械开关无法分断断口超过 2 个。

3.4 应急处置流程

3.4.1 直流断路器应急处置总则

若出现不具备分闸能力，处理流程如下：

（1）××站有源 HVDC 运行（定电压控制模式）改有源充电，确认其他站换流器已定直流电压（电压接管）。

（2）对侧站××线运行改冷备用。

（3）若省调令××站有源 HVDC 充电改极隔离，严禁使用微机开票系统开××站有源 HVDC 充电改极隔离典型操作令，应使用××线正负极开关（直流断路器）不具备分闸能力应急处置操作卡。在进行拉开××线正负极开关两侧隔离开关解锁操作前（按照防误管理规定进行解锁审批），应先将联结变压器开关改热备用非自动，操作结束后核对设备是否到位，与典票内容要求一致。

3.4.2 直流断路器应急处置实际操作步骤

以××换流站××直流线路正负极开关（直流断路器）不具备分闸能力为例，依据风险管控实际措施，按照应急操作卡步骤处理如表 3-2所示。

表 3-2 　　　　　　　　　应 急 操 作 卡 步 骤

应急处置事件		××换流站××直流线路正负极开关（直流断路器）不具备分闸能力	
风险 预控 措施	1	联系调度部门或集控站确认××换流站××直流线路在冷备用状态	
	2	××直流线路正负极开关两侧隔离开关解锁操作前，按照防误管理规定进行解锁审批，并先将联结变压器开关改为非自动（拉开联结变压器开关控制电源一、控制电源二）	
	3	处置××直流线路正负极开关（直流断路器）不具备分闸能力事件前，先熟悉舟定换流站现场运行规程中××直流线路正负极开关（直流断路器）不具备分闸能力处理流程	

处 　置 　步 　骤

发令人：		受令人：		发令时间：			午 　月 　日 　时 　分
操作开始时间：	年 　月 　日 　时 　分		操作结束时间：		年 　月 　日 　时 　分		

操作任务：　省调令换流器由有源 HVDC 充电改为极隔离

故障 处理	1	检查××换流站换流器确在有源 HVDC 充电状态	
	2	进入××换流站主接线图界面	
	3	进入主接线图界面联结变压器开关分图，拉开联结变压器开关	
	4	检查联结变压器开关确在分闸位置	
	5	将联结变压器开关由自动改为非自动（拉开联结变压器开关控制电源一、控制电源二）	
	6	确认××直流线路正极开关不具备分闸能力	
	7	确认××直流线路正极电压、电流为零	
	8	拉开××直流线路正极换流器隔离开关（解锁操作）	
	9	检查××直流线路正极换流器隔离开关确已拉开	
	10	拉开××直流线路正极线路隔离开关（解锁操作）	
	11	检查××直流线路正极线路隔离开关确已拉开	
	12	确认××直流线路负极开关不具备分闸能力	
	13	确认××直流线路负极电压、电流为零	
	14	拉开××直流线路负极换流器隔离开关（解锁操作）	
	15	检查××直流线路负极换流器隔离开关确已拉开	
	16	拉开××直流线路负极线路隔离开关（解锁操作）	
	17	检查××直流线路负极线路隔离开关确已拉开	

故障处理	18	将联结变压器开关由非自动改为自动（合上联结变压器开关控制电源一、控制电源二）	
	19	拉开××直流线路正极开关供能开关柜空气断路器 QF₁	
	20	拉开××直流线路负极开关供能开关柜空气断路器 QF₂	
	21	拉开启动电阻旁路隔离开关	
	22	检查启动电阻旁路隔离开关确已拉开	
	23	合上××直流线路正极开关供能开关柜空气断路器 QF₁	
	24	合上××直流线路负极开关供能开关柜空气断路器 QF₂	
	25	检查直流断路器监控后台××直流线路正极开关（直流断路器）已隔离	
	26	检查直流断路器监控后台××直流线路负极开关（直流断路器）已隔离	
	27	检查××换流站换流器确在极隔离状态	
	28	与典型操作票换流器由有源 HVDC 充电改为极隔离令核对设备状态一致	

拟卡人： 审卡人：
操作人： 监护人： 值班负责人（值长）：

注意事项	1	填写解锁钥匙使用记录，并封存解锁钥匙	
	2	做好值班日志记录	
备注	1		
	2		
	3		

直流断路器检修技术 4

本章将结合舟山柔直工程直流断路器检修经验，从常规检修、常规试验、典型故障处理 3 个方面介绍直流断路器检修的相关内容。

4.1 常 规 检 修

4.1.1 外观检查

检查直流断路器一次设备、控保设备机柜、供能及阀冷等辅助设备的外绝缘是否完好无损，安装是否牢固可靠。

4.1.2 主支路模块更换

因断路器主支路长期通流，故障发生概率比转移支路高，且其集成设计采用模块化设计，为实现维护的便捷性，其检修方法如下：

（1）拆除所需更换子模块附近的屏蔽罩。

（2）将子模块间连接母排拆除。

（3）拆除子模块光纤，记录光纤的位置（触发、回检编号及位置不同）。

（4）将子模块水管与主水管断开。

（5）将所需更换的子模块抽出。

（6）更换全新子模块。

（7）安装子模块光纤。

图 4-1 为基于 IGBT 的混合型直流断路器主支路模块示意图。

4.1.3 转移支路 IGBT 更换

转移支路阀模块设计采用大组件模块框架式结构，大幅度压缩直流

图 4-1　基于 IGBT 的混合型直流断路器主支路模块示意图

断路器结构尺寸，同时有利于电气参数优化设计。IGBT 为 4.5kV 压接式，各个通流子单元相对独立，并配置独立的弹簧结构，简化结构设计，压装精度要求降低。其检修方法如下：

（1）拆卸 IGBT 时，首先确定 IGBT 安装方向，需将对应 IGBT 邻近两级 IGBT 的驱动单元拆除。

（2）将 IGBT 拆卸支架安装于 IGBT 压装单元，待拆卸支架螺母旋紧并确认拆卸支架与 IGBT 接触良好后方可进行拆卸工作。

（3）拆卸时，使用端部液压缸对 IGBT 压装单元施加 70～75kN 的压装力，直至压装单元前端填隙垫片松动为止。拆除 6mm 厚填隙垫片。

（4）松开端部液压缸，再对故障级 IGBT 的专用液压缸施加顶压力，直至 IGBT 松动为止。

（5）将 IGBT 抽出，按照安装方向放入全新 IGBT，松开专用液压缸，再使用端部液压缸重新对压装单元施加 70kN 压装力。

（6）最后拆除所有拆卸专用工具，恢复 IGBT 驱动单元，完成对 IGBT 的更换。

（7）安装完成后，需对子模块进行检查，确保接线安装正确。

图 4-2、图 4-3 为 IGBT 拆卸支架及专用液压缸。图 4-4 为 IGBT 拆卸工具安装示意图。

图 4-2　IGBT 拆卸支架　　　　　图 4-3　专用液压缸

图 4-4　IGBT 拆卸工具安装示意图

4.1.4 转移主路 IGBT 驱动、SCE 板和电源模块更换

转移主路驱动故障是目前基于 IGBT 的混合型直流断路器最典型的故障现象，是目前直流断路器故障消缺率最高的工作，其检修方法如下：

1. 准备工作

（1）平台车到位，并停放于阀塔两侧。

（2）裁剪硬纸隔板，遮挡每个阀组件底部旁路开关，防止在拆除中控板组件、驱动组件时螺钉掉落旁路开关内。

（3）在施工阀层下方的阀组件上覆盖塑料薄膜。

（4）光纤防尘套、保鲜膜、收纳盒、自封袋、储物箱、记号笔、便签纸、防静电手套和手环等相关工具准备到位。

2. 模块清扫

施工前应把作业模块灰尘清扫干净，端子排的清扫需用毛刷轻掸干净。

3. 光纤拆除

（1）工作内容。

1）按照逆时针方向旋转光纤接头，小心拔掉阀控柜到每一个中控组件上的两根光纤，用光纤保护盖套在光纤头上。完成一个组件18个中控组件的阀控光纤拆卸后，用保鲜膜把转移支路阀组件上整束光纤包裹起来，使用扎带固定在阀组件框架槽梁内。

2）每一级H桥中控上的光纤全部拔除，包括IGBT驱动连接中控板光纤、取能电源连接中控板光纤和旁路开关连接中控板光纤（共计10根），并在光纤两头安装防尘套。

（2）注意事项。

1）光纤拔掉后立即安装防尘套。

2）光纤按照不同长度分类，做标记，并放置于不同储物箱。

3）IGBT驱动连接中控板光纤只能拔掉中控板上的一端，另外一端安装在IGBT驱动盒内的板卡内，随驱动板组件一块拆除。

4）取能电源连接中控板光纤和旁路开关连接中控板光纤的两根光纤可以直接拆除，由于此两根光纤比较长，跨过元器件比较多，拆除光纤要小心，防止光纤弯折等。

4. 电源线拆除

（1）拆除每一级H桥上的电源线，包括驱动电源线、中控板电源线。

（2）注意事项：电源线拔除后放置于取能电源侧，不可随意摆放。

5. 集线盒拆除

（1）工器具：十字螺丝刀（1把）、小一字螺丝刀（1把）。

（2）工作内容。

1）使用小一字螺丝刀小心撬开集线盒的上盖，移除上盖，注意不能弯折驱动光纤。

2）拆除集线盒固定螺栓（共计8颗）。拔掉集线盒在驱动板卡上的电源插头，将每一级H桥集线盒拆除。

3）把拆除的集线盒整齐放置在收纳箱内。

（3）注意事项。

1）集线盒插接在驱动板盒上，必须垂直拔出，避免破坏连接；防止移除集线盒时弯折、扯拉驱动光纤。

2）缓慢拆除集线盒固定螺钉，如果螺钉不好拆除，且不可勉强拆除，做标记，在螺钉螺纹上滴两滴硅油，润滑大约10min后，方可拆除。

3）防止固定螺钉在拆除过程中掉落，如果掉落，必须找到，防止遗落在阀塔上。

4）拆除的螺钉放置在专用收纳盒内，完成一个组件的拆卸，需要核对螺钉数量，防止遗漏在阀塔上。

6. 中控板组件拆除

（1）工器具：长一字螺丝刀（1把）。

（2）工作内容。

1）拆除中控板盒到散热器上的等电位导线。

2）拆除中控板支架两侧固定螺钉，将中控板盒连同支架一同拆除。

3）把拆除的中控板组件整齐地放置在收纳箱内。

图4-5为中控板两侧螺丝位置示意图。

图4-5　中控板两侧螺丝位置示意图

（3）注意事项。

1）拆除中控板支架两侧固定螺钉时，要缓慢，避免损坏散热器螺纹套。如果螺钉不好拆除，且不可勉强拆除，做标记，在螺钉螺纹上滴两滴硅油，润滑大约10min后，方可拆除。

2）防止固定螺栓在拆除过程中掉落，如果掉落，必须找到，防止遗落在阀塔上。

3）拆除的导线及导线固定螺钉放置在专用收纳盒内，完成一个组件的拆卸，需要核对螺钉及导线数量，防止遗落在阀塔上。

7. 电源模块拆除

（1）工器具：套筒、棘轮扳手、100mm加长杆。

（2）工作内容。

1）拔掉电源模块上的导线插头。

2）拆除电源模块底座上的螺钉，移除电源模块。

3）把拆除的电源模块整齐地放置在收纳箱内。

图 4-6 为电源模块固定螺丝位置示意图。

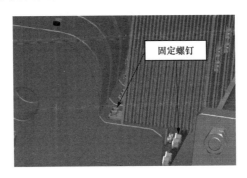

图 4-6　电源模块固定螺丝位置示意图

（3）注意事项。

1）拔除导线插头要小心。

2）缓慢拆除电源模块固定螺钉，避免损坏磁环螺纹套。如果螺钉不好拆除，且不可勉强拆除，做标记，在螺钉螺纹上滴两滴硅油，润滑大约 10min 后，方可拆除。

3）拆除的螺钉放置在专用收纳盒内，完成一个组件的拆卸，需要核对螺钉数量，防止遗漏在阀塔上。

4）防止固定螺钉在拆除过程中掉落，如果掉落，必须找到，防止遗落在阀塔上。

8. IGBT 驱动组件拆除

（1）工器具：短十字螺丝刀、内六角扳手、长六角旋具头、电动起子、内六角旋具套筒、棘轮扳手。

（2）工作内容。

1）拆除驱动板盒两侧固定螺栓，共计 4 颗，将驱动板盒从 IGBT 和散热器拔下。

2）将拆除的驱动板盒（附带两根光纤）整齐摆放在专用收纳箱内，不能弯折光纤。

3）安装 IGBT 门极短接夹。

图 4-7 为 IGBT 驱动盒固定螺丝位置示意图。

图 4-7　IGBT 驱动盒固定螺丝位置示意图

（3）注意事项。

1）拆除驱动固定用 M4 螺钉时，要缓慢，避免损坏散热器螺纹套。如果螺钉不好拆除，且不可勉强拆除，做标记，在螺钉螺纹上滴两滴硅油，润滑大约 10min 后，方可拆除。

2）驱动板盒插接在 IGBT 和散热器上，必须垂直拔出，避免破坏连接。

3）驱动板盒拆除后需立即安装 IGBT 门极短接夹。

4）拆除的螺钉放置在专用收纳盒内，完成一个组件的拆卸，需要核对螺钉数量，防止遗落在阀塔上。

5）防止固定螺钉在拆除过程中掉落，如果掉落，必须找到，防止遗落在阀塔上。

9. 阀塔驱动恢复

阀塔上驱动相关部件恢复工作，依次为驱动板盒安装、中控板盒安装、集线盒安装、电源线恢复和光纤安装，组部件具体恢复过程和拆卸过程相反，注意事项基本相同，这里不再赘述。

快速隔离开关的运维主要是对快速隔离开关内部板卡的更换。开关的控制柜前面板通过螺钉紧固，后面板可通过钥匙进行开启，开启前后面板后，即可对快速隔离开关控制及电源部分进行更换。图 4-8 为快速隔离开关控制柜前后面板示意图。

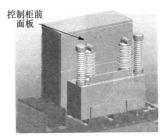 

控制柜前面板

控制柜后面板

（a）控制柜前面板 　　　　　（b）控制柜后面板

图 4-8　快速隔离开关控制柜前后面板示意图

4.2　常 规 试 验 项 目

基于 IGBT 的混合型直流断路器的试验项目，按照试验性质可以分为一次设备试验、二次设备试验、通信试验、功能性试验、辅助设备试验。以舟山柔直工程用直流断路器相关参数为例，试验项目详细如下所示。

4.2.1　一次设备试验

1. 泄能支路避雷器直流泄漏电流测试（1mA 下参考电压及 0.75U 下）

试验原理同常规避雷器，将直流高压发生器的高压出线与避雷器的高压端相连，避雷器的低压端接微安表，然后接地。

试验目的是检测泄能支路避雷器在直流断路器断态情况下，是否能够安全耐受施加于两端电压，并记录直流参考电压值、0.75 倍直流参考电压下的泄漏电流，数据应符合相关标准及厂家要求。

2. 快速机械开关特性测试

试验目的是检测机械开关状态、分合闸同期、时间特性，符合厂家标准要求。

3. 金具连接接触面导通测试

试验目的是为了检测断路器全部连接排、金具接触面接触是否良好、平滑，该试验标准应符合厂方要求，标准为接触电阻小于技术要求。

4. 端间直流耐压试验

（1）试验目的。

直流断路器端间直流试验主要是考察组成直流断路器的整体耐压水平，即考验 IGBT、反并联二极管以及其他相关部件的耐压水平，检测安装接线的正确性。

（2）试验设备。

直流耐压试验装置、水冷系统、HBM 光电隔离系统。

（3）冷却条件。

1）流速：36L/min，＋10%，－0%。

2）进水温度：室温。

3）冷却介质：纯水。

4）电导率：小于 0.5μS/cm。

5）每项试验前需达到热平衡，冷却管出口的冷却介质温度稳定后即建立了热平衡（温度变化保持在±1℃内并至少维持 5min）。

（4）试验方法。

以舟山柔直工程用直流断路器为例，使用直流耐压试验装置输出稳定直流电压，试验原理及接线方式如图 4-9 所示，试验中需闭合所有冗余 H 桥的旁路开关。

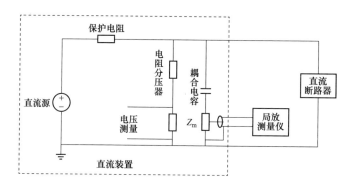

图 4-9　端间直流耐压试验原理

1）直流耐压测试前，应确保转移支路子模块均通过 BTE 功能测试，且子模块工作正常。

高位取能电源供电，使子模块控制器处于工作状态，全部 IGBT 闭锁，需检测其中 H 桥电容两端电压。

2）接好试验电路，试验电压加于断路器的两端。接好光纤和后台控制器（处于闭锁状态），先进行正向电压测试，然后再进行反向电压的测试。

3）首先在端间加低电压（176kV），在加电压的过程中要注意监测电压分布是否均匀，子模块控制器是否工作正常，在电压分布均匀和子模块工作正常的情况下方可继续进行试验；

4）逐步升高阀端电压至最高试验电压325kV，保持1min；

5）降低到5min试验电压220kV；

6）试验电压降至零，断开试验回路的电源，退出水冷系统和控制器，等待20min后用高压放电棒将各子模块电容放电至0V。

7）试验后检查断路器是否出现损坏。

要求：直流断路器子模块串联后有足够的内部绝缘使其能够耐受规定的电压；阀结构，包括冷却系统管路、光导以及触发和监控电路的其他绝缘部件，没有击穿放电。

5. 对地直流耐压试验

（1）试验目的：直流断路器对地直流试验是为了检验直流断路器阀塔下端支架绝缘子、供能高压隔离变压器及其辅助设备的耐受电压能力，即断路器阀对地有足够的距离防止闪络。

（2）试验设备：直流耐压试验装置。

（3）试验参数。

1min试验电压：$U_{tdv1} = 1.6 \times 202 = 325kV$（以舟山柔直工程为例）。

（4）冷却条件（以舟山柔直用直流断路器为例）：

1）流速：36L/min，+10%，−0%。

2）进水温度：室温。

3）冷却介质：纯水。

4）电导率：小于0.5μS/cm。

5）每项试验前需达到热平衡，冷却管出口的冷却介质温度稳定后即建立了热平衡（温度变化保持在±1℃内并至少维持5min）。

（5）试验方法：

以舟山柔直工程用直流断路器为例，使用±400kV直流耐压试验装置输出稳定直流电压，试验原理及接线方式如图4-10所示。

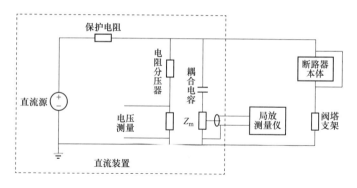

图 4-10　对地直流耐压试验接线

1）将阀塔的 2 个主要端子连接在一起，然后将直流电压加在已连接的 2 个端子与地之间；

2）从规定的 1min 试验电压的 50%开始（160kV），电压在大约 10s 的时间内升至规定的 1min 试验电压（325kV），保持 1min 恒定然后减到零；

3）用相反极性电压重复上述试验。

要求：直流断路器支撑结构能够耐受规定的电压；阀结构，包括供能系统、冷却系统管路、光导以及触发和监控电路的其他绝缘部件，没有击穿放电。

4.2.2　二次设备试验

1. 供电测试

试验项目及试验标准详见表 4-1。

表 4-1　　　　　　　供电测试项目及试验标准

序号	信号名称	试验方法	试验判据	是否通过
1	接地检查	用万用表测量每个机箱面板、电源地线与地线的连接情况	连接良好，万用表阻值小于 0.1Ω	
2	110V 直流电压极性检查	用万用表测量机柜底部的 110V 直流进线电源电压和极性	电源电压波动范围小于±10%，极性与标识一致	
3	24V 直流电压极性检查	用万用表测量机柜顶部的 24V DC 电源电压和极性	电源电压波动范围小于±10%，极性与标识一致	

序号	信号名称	试验方法	试验判据	是否通过
4	单台机箱带电	每个电源板卡对应的空气开关带电测试完成后应断开，再测试下个空气开关及电源板；核心板电源钥匙启动后，观察核心板上指示灯	机箱电源正常时对应的电源板卡5V指示灯和大面板上电源灯应点亮；核心板电源钥匙启动后，核心板正常工作	
5	全部机箱带电	全部空气开关及对应电源板单独测试完成后，最后再统一逐个带电	机箱电源正常时对应的电源板卡5V指示灯和大面板上电源灯应点亮	
6	220V交流电压极性检查	用万用表测量VM主机柜底部的220V交流进线电源电压和极性；开关合上后，观测交换机、工控机、显示器是否正常工作	电源电压波动范围小于±10%；机柜上电后，交换机、工控机、显示器正常开机、工作	

2. 接地检查

用万用表测量每个机箱面板、电源地线与地线的连接情况，确保良好接地。

3. 机柜直流电源检查

连接到VBC屏柜的直流电源进线A和B相互隔离。确保空气开关在开断位置。用万用表测试空气开关前（直流电压110V）的电压数值与极性，确保电压在±10%范围内；空气开关后测试时万用表读数为0V。

（1）闭合直流进线A开关。测量A开关后（直流电压110V）与电源后（直流电压24V）的电压，记录万用表上的电压数值与极性，确保电压在±10%范围内。

（2）闭合直流进线B开关。测量A开关后（直流电压110V）与电源后（直流电压24V）的电压，记录万用表上的电压数值与极性，确保电压在±10%范围内。

4. 单机箱带电检查

机柜内24V DC检查正常后，逐个给机箱的电源板上电，观察电源板及机箱大面板上电源指示灯是否被点亮，然后开启核心板电源钥匙，观察核心板是否工作正常；测试完电源板断电后，再进行下一块电源板的带电测试。

5. 机箱整体带电检查

各个机箱供电系统检测正常后，给全部机柜与机箱整体上电，观察整个供电系统容量是否满足要求，机箱上电源板是否全部工作正常。

6. 220V AC 电源检查

确保空气开关在开断位置。用万用表测试空气开关前的电压数值，确保电压在±10%范围内；空气开关后测试时万用表读数为 0V。

空气开关合上后，用万用表测试空气开关前的电压数值，确保电压在±10%范围内。

将交换机、工控机、显示器开机，观测是否正常启动。

4.2.3 通信试验

1. 光功率测试

确保所有光纤铺设后已经用光纤测试设备进行检测，损坏或光衰减严重的光纤已全部替换。

此工作与 VBC 与 SMC 间通信测试同时开展，一根光缆测试完光功率后立即开始 VBC 与 SMC 间通信测试。

2. 通信连接正确性测试

为了验证断路器控保与 PCP、OCT 合并单元、换流阀、水冷系统、开关柜、UPS 的通信接口（光口与网口）正确性，以及验证断路器控保内部光接口连接的正确性，进行该系列通信接口测试试验。测试数据记录表见表 4-2。

断路器控保系统的光纤通信接收通道测试，测试按照如下步骤：

（1）正常通信：光纤对端设备正常工作，此时控制器对应通道的光纤检测应为自检、帧数据正常；人为操作对端设备改变状态（反应在光纤通信内容上），控制器自身应能正确检出状态的变化。

（2）光纤断线：后台应报光纤断线、通信异常报文。

（3）对端异常：光纤对端设备工作异常，如异常断电、或光纤连接错误、非法数据等，此时控制器对应通道的光纤通信状态应能正确检测出来。

表 4-2 断路器控保通信接口试验

序号	试验项目	通过判据	是否通过	备注
1	光纤光功率损耗测试	VBC-SM 每根光纤损耗不大于		

序号	试验项目	通过判据	是否通过	备注
2	SM-VBC 光通信测试	通信数据正确，无对应通信故障报出；断线后报出异常		
3	正极 VBC1 光纤接收	通信数据正确，无对应通信故障报出；断线后报出异常		
4	正极 VBC2 光纤接收	通信数据正确，无对应通信故障报出；断线后报出异常		
5	正极 VBC3 光纤接收	通信数据正确，无对应通信故障报出；断线后报出异常		
6	正极 VBC4 光纤接收	通信数据正确，无对应通信故障报出；断线后报出异常		
7	负极 VBC1 光纤接收	通信数据正确，无对应通信故障报出；断线后报出异常		
8	负极 VBC2 光纤接收	通信数据正确，无对应通信故障报出；断线后报出异常		
9	负极 VBC3 光纤接收	通信数据正确，无对应通信故障报出；断线后报出异常		
10	负极 VBC4 光纤接收	通信数据正确，无对应通信故障报出；断线后报出异常		
11	正极水冷光纤接收	通信数据正确，无对应通信故障报出；断线后报出异常		
12	负极水冷光纤接收	通信数据正确，无对应通信故障报出；断线后报出异常		
13	正极供能开关柜光纤接收	通信数据正确，无对应通信故障报出；断线后报出异常		
14	负极供能开关柜光纤接收	通信数据正确，无对应通信故障报出；断线后报出异常		
15	正极断路器快速开关端口 1、2	通信数据正确，无对应通信故障报出；断线后报出异常		
16	正极断路器快速开关端口 3、4	通信数据正确，无对应通信故障报出；断线后报出异常		
17	正极断路器快速开关端口 5、6	通信数据正确，无对应通信故障报出；断线后报出异常		
18	负极断路器快速开关端口 1、2	通信数据正确，无对应通信故障报出；断线后报出异常		
19	负极断路器快速开关端口 3、4	通信数据正确，无对应通信故障报出；断线后报出异常		

序号	试验项目	通过判据	是否通过	备注
20	负极断路器快速开关端口 5、6	通信数据正确，无对应通信故障报出；断线后报出异常		
21	A 相正极 OCT	通信数据正确，无对应通信故障报出；断线后报出异常		
22	A 相负极 OCT	通信数据正确，无对应通信故障报出；断线后报出异常		
23	B 相正极 OCT	通信数据正确，无对应通信故障报出；断线后报出异常		
24	B 相负极 OCT	通信数据正确，无对应通信故障报出；断线后报出异常		
25	C 相正极 OCT	通信数据正确，无对应通信故障报出；断线后报出异常		
26	C 相负极 OCT	通信数据正确，无对应通信故障报出；断线后报出异常		
27	PCP 系统	通信数据正确，无对应通信故障报出；断线后报出异常		
28	第三方录波	通信数据正确，波形正确		

3. 指令遥控测试

遥控下发类的测试属于以太网通信，测试包括遥控、录波、遥信等。

断路器站控遥控下发控制外部设备的，如水冷等，还包括控制器发出光纤通信的测试。具体项目见表 4-3。

通过判据：遥控下发控制外部设备的遥控应能正确实现控制功能，并有正确报文上发。

表 4-3　　　　　遥 控 指 令 试 验 表

序号	试验项目	通过判据	是否通过	备注
1	远程启动正极线水冷系统 A	水冷系统正确执行		
2	远程停止正极线水冷系统 A	水冷系统正确执行		
3	远程请求正极线水冷系统 A 水泵切换	水冷系统正确执行		
4	远程启动正极线水冷系统 B	水冷系统正确执行		
5	远程停止正极线水冷系统 B	水冷系统正确执行		
6	远程请求正极线水冷系统 B 水泵切换	水冷系统正确执行		

序号	试验项目	通过判据	是否通过	备注
7	远程启动负极线水冷系统 A	水冷系统正确执行		
8	远程停止负极线水冷系统 A	水冷系统正确执行		
9	远程请求负极线水冷系统 A 水泵切换	水冷系统正确执行		
10	远程启动负极线水冷系统 B	水冷系统正确执行		
11	远程停止负极线水冷系统 B	水冷系统正确执行		
12	远程请求负极线水冷系统 B 水泵切换	水冷系统正确执行		
13	直流断路器控制分闸	断路器正确执行		
14	直流断路器控制合闸	断路器正确执行		
15	直流断路器保护分闸	断路器正确执行		
16	本控制系统执行复位操作	本系统正确执行		
17	本控制系统执行停运操作	本系统正确执行		
18	本控制系统执行紧急停运操作	本系统正确执行		
19	本控制系统转测试状态运行	本系统正确执行		
20	本控制系统转服务状态运行	本系统正确执行		
21	本控制系统转热备状态运行	本系统正确执行		
22	本控制系统转值班状态运行	本系统正确执行		
23	手动启动录波操作	本系统正确执行		
24	设备状态切换、主从切换	系统正确执行		

4. 自检和保护功能测试

控保设备自检和保护功能测试项目见表 4-4。

表 4-4 控保设备自检和保护功能指令试验表

序号	试验项目	试验方法通过判据	是否通过	备注
1	VBC 机箱单电源故障	关闭 VBC 机箱左或右侧电源，SOE 准确无异常		
2	VBC 接口板故障	拔掉 VBC 接口板任意一块，SOE 准确无异常		
3	转移支路等于/超过冗余	合态下，通过拔光纤使转移支路等于/超过冗余数，保护信息及动作正确；分态下，通过拔光纤使转移支路等于/超过冗余数，保护信息及动作正确		

序号	试验项目	试验方法通过判据	是否通过	备注
4	主支路等于/超过冗余	合态下，通过拔光纤使支路等于/超过冗余数，保护信息及动作正确；分态下，通过拔光纤使支路等于/超过冗余数，保护信息及动作正确		
5	过流自分断	采用光TA模拟出现故障电流（2.6kA），保护动作导致快速分闸，完成保护分闸		
6	冗余切换	手动切换，自动切换。切换正确，无异常事件		

4.2.4 功能性试验

功能性试验项目分为单体功能试验、整体功能试验。

1. 单体功能试验

即断路器主支路、转移支路所有换流阀模块的功能性检测，简称 BTE 试验（breaker test equipment，BTE），原理是利用高压直流断路器例行试验单元对高压直流断路器全桥子模块进行功能性试验的专用设备，主要用来测试全桥子模块的电气接线是否正确，连线是否正确可靠，IGBT 中控、驱动板功能是否正确，功能是否完善可靠，是作为高压直流断路器的出厂、大修后必做试验之一，为设备的运行可靠性提供重要判据。

其试验项目包括：全桥子模块电气通路测试；全桥子模块触发监测功能测试；供电电源监测测试；IGBT 开通关断测试；负载功率测试；供能输出测试。

2. 整体功能测试

用于检验断路器能够具备正常的启停及分合闸动作。具体试验见表4-5。

表 4-5　　　　　　　整体功能试验项目

序号	试验项目	试验方法和判据	是否通过	备注
1	断路器启动试验	阀厅地面供能开关柜上电，5min 后遥信具备合闸条件		
2	断路器停止试验	供能开关柜发来掉电信号，断路器阀保护退出，后台无异常事件，设备退出		
3	合闸试验	断路器先启动，遥控合闸，完成合闸		

序号	试验项目	试验方法和判据	是否通过	备注
4	控制分闸试验	断路器在合态，遥控分闸，完成分闸		
5	保护分闸试验	采用光 TA 模拟出现故障电流（2.6kA），保护动作导致快速分闸，完成保护分闸		
6	整体电流开断试验	跟现场试验条件选做		

断路器整体电流开断试验如下：

（1）试验目的：该试验是为了检验直流断路器在系统故障和正常运行工况下分断电流能力，验证直流断路器整体分断性能以及断路器整体控制保护单元设计正确性。

（2）试验设备（见表 4-6）：

表 4-6　　　　　　　　整体功能试验设备

序号	设　备　名　称
1	晶闸管阀（串联使用）
2	谐振电容器组
3	谐振电抗器
4	直流电源
5	水冷系统
6	罗氏线圈电流互感器（2 个 30kA，1 个 6kA）
7	200kV 多功能分压器
8	HBM 光电测量系统

（3）试验参数：

1）试验电流：

短路开断：9kA；

分断时间：≤3ms。

2）冷却条件：

流速：36L/min，＋10%，－0%；

进水温度：≥45℃；

冷却介质：纯水；

电导率：小于 0.5μS/cm。

3）每项试验前需达到热平衡，冷却管出口的冷却介质温度稳定后即建立了热平衡（温度变化保持在±1℃内并至少维持5min）。

（4）试验方法：

主支路快速机械开关处于闭合状态，电流开断试验原理如图4-11所示。试品测控系统应采用与工程现场一致的控制策略，能检测各IGBT器件的状态，并能可靠回报报警信息。

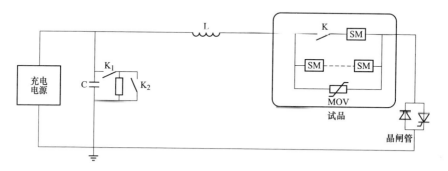

图4-11　断路器整机短路电流开断试验原理

1）试验中应检测主支路、转移支路及耗能回路的电流，50kV模块单元及其中一级H桥电容两端电压，试验中需闭合8级冗余H桥的旁路开关（每个50kV模块单元旁路2级），可包含冗余模块、旁路开关。

2）启动主支路水冷系统。

3）使用直流耐压装置对谐振电容器组进行充电，电压升高至设定值。

4）触通晶闸管阀，同时给直流断路器发送触发命令，引入大电流，电流峰值不小于1kA。

5）试验电流达到系统额定电流时（触发晶闸管阀后延时约0.6ms）发送断路器分断命令，断路器按照内部顺序动作逻辑完成试验电流的分断。

6）试验完成后闭合K3，泄放谐振电容能量。

7）逐步提高电容器充电电压，重复步骤④①，以2kA为阶梯逐步提高至9kA，2次试验应间隔5～10min。

8）设定输出9kA参数，重复步骤④①，但步骤ⓒ内不向断路器发送分断命令，试验电流会达到断路器自启动电流值，断路器按照内部顺序动作逻辑完成试验电流的分断。

9）试验后检查断路器是否出现损坏。

4.2.5 辅助设备试验

1. 阀冷系统试验

详见 2.4.1.1。

2. 供能系统调试

试验目的是供能变本体绕组是否存在异常，及带 UPS 电源上电后电压、电流信号是否正常，系统是否满足断路器各元件工作电源要求，具体试验项目见表 4-7。

表 4-7　　　　　　　　　供 能 系 统 试 验 明 细

序号	试验项目	试验原理	试验目的
1	供能变压器空载特性试验	采用示波器的两个通道电缆分别接入变压器本体输入 T_1 底部采样输入电压、电流，一个通道接入输出绕组 T_4 上层采样输出电压，由厂方自备的变频电源施加电流、电压信号，由示波器显示电压、电流数据，输入、输出电压值如无明显差异，则变压器本体变比正常	检测变压器本体变比是否正常，是否在运输过程中绕组受到冲击，应满足隔离变压器标准，变比不大于5%
2	供能变压器短路特性试验	试验方法同上，区别是将输出绕组 T_4 两端短路，采样输出、输入电流，两侧电流数据应无明显差异	检测供能变压器短路损耗
3	供能变压器不带 UPS 电源及开关上电调试	将 T_4 输出绕组连接断路器本体的供能电缆，在转移支路、主支路供能电缆回路的支撑平台变压器两端并联接入电压采样点，在两支路的回路中串接 TA 采样电流，由变频电源上电，对主支路、转移支路的电压、电流信号进行检测	检测供能系统的功能是否正常，通过支撑平台变压器及电抗器的电压、电流是否符合设备特性及供能要求
4	供能变压器不带 UPS 电源、带开关上电调试	试验原理同序号 3	试验目的同序号 3
5	供能变压器带 UPS 电源及开关上电调试	试验原理同序号 3	试验目的检测整个供能系统、包括 UPS 电源于控保后台的信号传输、供能特性

4.3　典 型 故 障 处 理

某日舟山多端柔性直流换流站进行单站投入操作（STATCOM 运行改有源 HVDC 充电），直流断路器合闸过程中，断路器控制器下发快速开关合闸指令后,负极快速开关第 4 个断口(即第二组快速开关的极柱 2)的 B 系统(主)位置信号未及时返回,断路器控制器认为快速开关拒合,导致子模块全旁路,不再具备分闸条件。图 4-12 为断路器录波,从上到下依次为:(a)主支路,转移支路,快速开关指令;(b)负极断路器快速隔离开关位置信号;(c)正极断路器快速隔离开关位置信号。

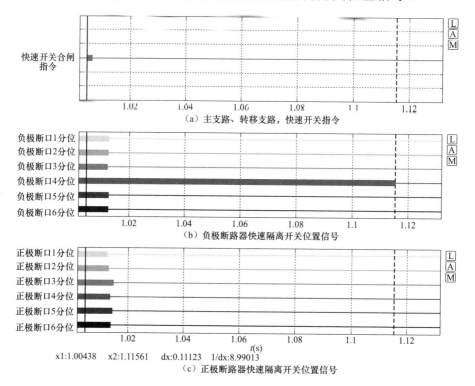

图 4-12　断路器录波

4.3.1　故障分析

舟山多端柔性直流示范工程的快速隔离开关采用主从控制器 A、B 进行独立控制,每台控制器分别接入 3 个位置检测传感器输入信号,控制器内部通过 FPGA 进行 3 取 2 逻辑判断后上传快速隔离开关的极柱合分位状态信号,位置检测原理如图 4-13 所示。

快速隔离开关执行合分闸操作时,控制器 A、B 根据输入传感器信号判断开关断口位置,A、B 系统判断逻辑如图 4-14 所示。

（1）在合闸操作时，控制器检测到分位为逻辑"0"，合位为逻辑"1"，判断开关断口运动到合位。

（2）在分闸操作时，控制器检测到合位和分位为逻辑"0"，同时中间传感器检测到上升沿脉冲信号，判断开关运动到耐受暂态开断电压的距离。

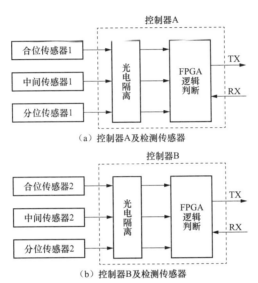

（a）控制器A及检测传感器

（b）控制器B及检测传感器

图 4-13　快速隔离开关位置状态检测原理

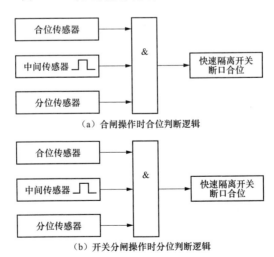

（a）合闸操作时合位判断逻辑

（b）开关分闸操作时分位判断逻辑

图 4-14　快速隔离开关位置判断逻辑

（3）在分闸操作时，控制器检测到合位为逻辑"0"，分位为逻辑"1"，判断开关断口运动到分位。

根据上面开关位置判断逻辑和存在告警的现象，分析可能导致告警的原因主要有以下几种：

（1）断路器通信原因：在快速隔离开关执行合闸操作后，发生通信中断或通信报文丢失而导致快速隔离开关的位置检测传感器信号传输延迟。

（2）断路器控制器处理异常原因：断路器控制器在接收到通信报文后的处理进程中，可能发生信号处理有误或延迟。

（3）开关位置传感器响应延迟：位置传感器在斥力机构高速冲击下偏离额定工作位置从而导致传感器响应延迟。

4.3.2 故障检测

1. 检测方法

采用快速隔离开关控制板，模拟断路器控制器发出操作指令，同时接收快速隔离开关的上送数据，并进行录波，对异常告警进行定位和分析。

2. 检测过程

图 4-15 为第 1 次测试的录波数据，从上到下的信号分别为合闸指令 close_com，快速分闸指令 fast_open_com，慢速分闸指令 slow_open_com，上位机下发给控制板的操作指令码 com，快速开关接收到指令后的启动信号 pole1_start，极柱 1 合位传感器信号 pole1_close，极柱 1 分位传感器信号 pole1_open，极柱 2 合位传感器信号 Pole2_close，极柱 2 分位传感器信号 pole1_open。录波时间刻度为每格 50μs，即 20 格为 1ms。

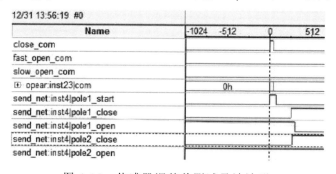

图 4-15　传感器调整前测试录波波形

从测试波形中可知，在合闸指令发出后，快速隔离开关启动，在大约 15ms（300 格）左右快速隔离开关 2 的极柱 1 的合位和分位传感器信号均正常变位，快速隔离开关 2 的极柱 2 的合位传感器信号正常变位，但分位传感器信号未及时变位，即说明快速隔离开关 2 的极柱 2 的分位传感器的返回信号未及时变位。因此可以排除通信故障和断路器控制器处理故障，初步分析可能是快速隔离开关极柱 2 的分位传感器安装位置偏移。

经现场排查发现，该设备分位传感器安装不牢固且离开关合闸位置过近，随后检修人员对传感器位置进行调整并紧固后重新进行测试。

图 4-16 为经过调试后的第 1 次测试波形图，从图中可以看出快速隔离开关 2 的极柱 2（pole2_open）的分位传感器在 15ms 左右已正常变位，说明告警排除。为进一步充分验证，此后又进行几次操作测试，快速隔离开关 2 的极柱 2（pole2_open）的分位传感器均在正常时间变位，说明告警问题已解决。

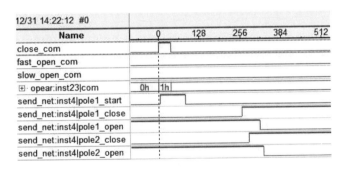

图 4-16　传感器调整后第一次测试录波波形

4.3.3　故障分析结论

通过以上的分析及检测，检修人员得出结论，由于断路器 2 号开关内 2 号极柱分位传感器在前期安装过程中传感器位置安装不牢固（安装位置如图 4-17 所示），且调试阶段快速隔离开关频繁操作，隔离开关位置传感器在高速冲击下偏离额定工作位置从而致使传感器响应延迟，导致断路器拒动。

同时偏移的分位传感器离合位过近，直流断路器合闸过程中，断路器控制器下发快速开关合闸指令后，快速开关第 4 个断口（第二组快速开关的极柱 2）的 B 系统（主）位置信号未及时返回，且分位传感器感应到合位信号，与控制逻辑不符，断路器控制器认为快速开关拒合，导致子模块全旁路，不再具备分闸条件。最终检修人员将分位传感器调整至正确工作位置，解决了断路器操作拒动问题。

图 4-17 传感器安装示意图

5 直流断路器工程应用及展望

本章结合舟山柔直工程介绍了直流断路器的工程应用特点，对直流断路器的发展方向进行展望。

5.1 直流断路器工程应用特点

5.1.1 快速恢复功能

常规直流输电均具备重启动功能，以实现直流侧故障清除后功率的快速恢复。舟山柔直工程由于换流器拓扑结构原因，直流故障后交流断路器可在 0.1s 内跳开，但由于回路中存在桥臂电抗、平波电抗器等电抗器续流，故障电流仍旧无法快速消除，在故障电流存在的情况下，无法通过直流隔刀隔离故障，因此不具备快速重启动功能。

为了解决舟山五端柔直系统直流故障快速恢复的问题，同时考虑工程改造的经济性及适用性，舟山五端柔直工程采用直流断路器、桥臂阻尼的混合方案，具体配置如下：

（1）舟定站正负极各增加 1 台直流断路器，换流阀增加桥臂阻尼模块。

（2）舟岱站正负极各增加 1 把常规交流开关，直流线路正极增加 3 把谐振开关，线路负极增加 3 把常规交流开关，换流阀增加桥臂阻尼模块。

（3）舟衢站正极增加 1 把谐振开关，负极增加 1 把常规交流开关。

（4）舟洋站正负极各增加 1 把常规交流开关，直流线路正极增加 2 把谐振开关，负极增加 2 把常规交流开关。

（5）舟泗站正极增加 1 把谐振开关，负极增加 1 把常规交流开关。

当直流线路发生故障后，若流经直流断路器的电流大于其保护定值，则直流断路器发出自分断命令，其主支路的 IGBT 首先闭锁，故障电流转移到转移支路上，之后拉开快速机械开关，快速机械开关分开后，闭锁转移支路 IGBT，切断故障电流。从发出自分断命令到闭锁转移之路 IGBT，整个过程不超过 3ms，剩余能量经过耗能支路吸收。

阻尼模块工作于 2 种状态：旁路状态和阻尼状态。系统正常解锁运行时，阻尼模块处于旁路状态，VT1 导通。当换流器闭锁时，阻尼模块处于阻尼状态，VT1 关断，阻尼电阻串于桥臂中。谐振开关安装于换流站的直流正极或者线路正极处，用于直流电流降到一定值时切除故障电流。常规交流开关 AIS 安装于换流站的直流负极或者线路负极处，与谐振开关配合，完成故障线路的切除。当谐振开关分开后，由于切断了故障电流通路，因而常规交流开关分断时无需切断直流故障电流。通过这种配置，在保证快速恢复功能的基础上，有效减少了工程的投资，实现经济效益的最大化。

由于柔性直流系统的弱阻尼特性，在发生故障时，短路电流上升速度极快（di/dt 高达 3～5kA/ms），故障快速识别（数百微秒）、断路器的快速动作是直流断路器控制保护系统的设计核心，对于舟山柔直系统，在将发生故障的直流线路切除后健全系统可恢复运行，大大提高多端系统的可靠性，步骤如下：

（1）故障选线、隔离：直流线路故障后，采用直流故障隔离策略，直流故障发生后闭锁换流器并跳开交流开关，（定海站同时会跳开直流断路器）此时根据故障选线策略可选择发生故障的线路，等待直流电流衰减至谐振型直流开关分断能力时，跳开线路两侧的谐振型直流开关，并在谐振型直流开关跳开后进行重启动。

（2）重合交流开关：首先重合一个站的交流开关（非定海站），其他站监测到直流电压大于 200kV 后，重合交流开关（定海站先重合直流断路器再合交流开关）。

（3）解锁：定直流电压站优先解锁，定功率站检测到定直流电压站解锁后再解锁，并在解锁后 100ms 内恢复至故障前的功率。

（4）如果系统快速恢复过程中发生故障，系统再次跳闸，不再恢复系统。

直流线路故障快速恢复案例

（1）定岱线发生故障时，五站快速恢复步骤（舟定、舟岱、舟衢、舟洋、舟泗五站 HVDC 运行，舟定站控制直流电压，其他站控制有功功率）

1）定岱线发生故障，舟定站闭锁、跳联结变压器开关、分开直流断路器；舟岱站、舟衢站、舟洋站、舟泗站闭锁、跳联结变压器开关。

2）舟定站和舟岱站根据故障电流，判断出定岱线发生故障。

3）舟定站和舟岱站进行定岱线线路隔离（线路改冷备用）。

4）定岱线线路隔离完成后，舟定站不再运行，舟岱站由定有功功率转为定直流电压控制。舟岱站合联结变压器开关，舟衢、舟洋、舟泗站检测到直流电压升到一定值之后，合联结变压器开关。

5）舟岱站在联结变压器开关合上之后，进行解锁操作。

6）舟衢、舟洋、舟泗检测到定直流电压站解锁之后，各自解锁，恢复到故障前的控制方式和功率值。

（2）岱洋线发生故障时，五站快速恢复步骤（舟定、舟岱、舟衢、舟洋、舟泗五站 HVDC 运行，舟定站控制直流电压，其他站控制有功功率）：

1）岱洋线发生故障，舟定站闭锁、跳联结变压器开关、分开直流断路器；舟岱站、舟衢站、舟洋站、舟泗站闭锁、跳联结变压器开关。

2）舟洋站和舟岱站根据故障电流，判断出岱洋线发生故障。

3）舟洋站和舟岱站进行岱洋线线路隔离（线路改冷备用）。

4）岱洋线线路隔离完成后，舟洋站和舟泗站不再运行。舟岱站合联结变压器开关，舟衢站检测到直流电压升到一定值之后，合联结变压器开关，舟定站检测到直流电压升到一定值之后，合直流断路器，直流断路器合上之后，合联结变压器开关。

5）舟定站在联结变压器开关合上之后，进行解锁操作。

6）舟岱、舟衢检测到定直流电压站解锁之后，各自解锁，恢复到故障前的控制方式和功率值。

5.1.2 换流站投退功能

5.1.2.1 换流站投入功能

不具备单站投入功能柔直系统，如果需要把某个停运站投入 HVDC 运行，则需要把其他运行先停运，严重影响系统运行的灵活性。

2015 年 4 月，分别在舟山柔性直流输电工程的洋山站和衢山站进行单站投入的试验，由于隔离开关合闸时间过慢（大于 8s），根据计算，已经在安全的临界值。同时合闸瞬间存在电流毛刺，是否会对隔刀造成损害尚无定论。因而虽然试验成功，但换流站投入功能并未实施。

2016 年底，直流侧隔离开关改造为直流断路器、谐振开关或者HGIS 等。其分合时间以 ms 计算，大大提高了换流站投入瞬间的安全裕度；直流断路器分合瞬间可以承受极大的电流，谐振开关和 HGIS 也可以承受较小的电流。换流站并网瞬间的电流毛刺理论上不会对其造成损坏。

1. 不带海缆单站投入操作步骤

（1）待投入站从检修操作到 STATCOM 解锁运行状态。

（2）在顺控流程界面，点击"换流站投入"按钮，闭锁后发出极连接命令，并由 STATCOM 运行方式转为 HVDC 运行方式，定直流电压和定无功功率控制方式转为定有功功率和无功功率控制方式。

（3）待投入站处于有源 HVDC 充电但未解锁的状态，换流站投入完成。运行人员手动解锁换流站。

注：换流站投入之前，要求其对侧的线路开关/刀闸已经合上。

2. 带海缆单站投入操作步骤

（1）待投入换流站连接待投入海缆从检修态操作到有源 HVDC 充电状态。

（2）待投入换流站的直流侧电压与待投入海缆对侧的换流站的直流电压压差小于 40kV（程序自动判定）。

（3）待投入换流站及海缆对侧的换流站进行待投入海缆线路连接的操作，待投入的海缆与两侧换流站均连接。

（4）待投入换流站及海缆投入直流系统成功，运行人员解锁系统。

图 5-1 为舟山柔直五站系统接线。

以舟岱、舟洋、舟泗运行，舟衢站带海缆投入为例，舟衢站带海缆投入步骤如下：

（1）舟岱、舟洋、舟泗已经解锁运行。

（2）舟衢站运行模式为 HVDC，控制方式为有功功率控制和无功功率控制，舟衢侧岱衢线已连接。

（3）舟衢站有源 HVDC 充电，主动充电完成。

（4）在舟岱站进行岱衢线线路连接。

（5）系统稳定后，舟衢站 RFO 满足，解锁舟衢换流站，舟衢换流站带海缆投入完成。

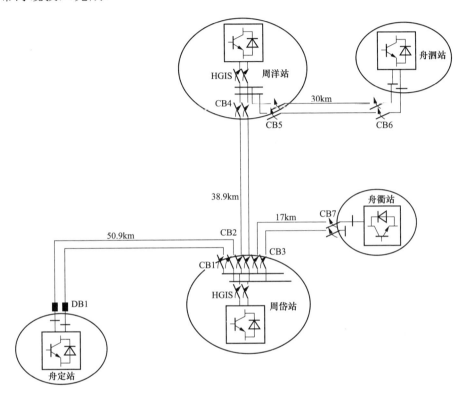

图 5-1　舟山柔直五站系统接线

5.1.2.2　换流站正常退出功能

1. 换流站正常退出步骤

（1）检查确认五站 HVDC 方式运行。

（2）待停运站点击停运按钮（运行定直流电压站停运，定直流电压站无功降到 2Mvar 以下后停运）。

（3）换流站停运后，点击断电按钮，系统自动跳开 HGIS 开关，然后发出自动极隔离命令。

（4）极隔离完成后，换流站正常退出。

注 1：若为无源 HVDC 运行方式，点击停运按钮，系统闭锁后自动发出极隔离命令，极隔离完成后，换流站正常退出。

注 2: 若发出自动极隔离命令 30s 后, 极隔离未完成, 则发出五站连跳指令, 五站停运。

2. 定海站直流断路器失去分断能力后定海站的退出步骤

（1）定海站闭锁, 岱山站接管直流电压。

（2）岱山站进行定岱线线路隔离操作。

（3）岱山站定岱线线路隔离后, 定海站在主接线画面或者阀侧断路器分图画面进行单步操作, 分 HGIS.QF_6 开关; 由于直流断路器失去分断能力, 禁止在顺控流程画面进行断电操作, 否则将会导致定海站极隔离失败连跳五站。

（4）直流电压和交流电压均降为 0 后, 定海站退出成功。

5.2 直流断路器发展方向

可靠有效的电力供应以及开发利用可再生资源对于改进电力传输模式提出了巨大的挑战。基于低损耗、远距离、大功率输电以及更有效地连接可再生能源入网和便于灵活操作的优点, 高压直流输电（HVDC）得到了新的重视。特别是电压源换流器（VSC）技术的出现使得多端高压直流（MTHVDC）电网的筹建发展成为可能并越来越具吸引力。对于多端高压直流电网, 具有快速开断直流故障电流和隔离故障功能的直流断路器是必不可少和至关重要的。只有应用高压直流断路器, 才有可能采用多端高压直流实现多个节点连接的可再生能源入网或退网、及时快速分离故障并可保证系统的安全可靠运行。虽然目前市场已有高压直流断路器, 且有一些已在超高电压系统运行, 但它们直接开断短路故障电流的开断能力较低, 且都是作为转换开关将故障电流从一个电路转换到另一电路, 最后由交流断路器完成开断, 其开断时间较长, 系统欠稳定。故具有高开断能力的高压直流断路器仍然是 MTHVDC 的发展的一个瓶颈, 限制着 MTHVDC 的发展。

5.2.1 高压直流断路器所面临的挑战

直流断路器在系统发生故障时不仅能开断故障电流, 而且要求其速度远远快于交流断路器, 以防止损坏昂贵的换流器、电缆及其他电网设备，一般高压直流断路器的操作时间应为数 ms。对于多终端高压直流电网，如果直流断路器无法快速切除故障线路，会波及与之相连的其他换流器、线路和网络，酿成大范围停电。缺乏能够快速可靠切断短路电流的高压直流断路器始终是一大瓶颈，制约着多端高压直流电网的快速发展，因此，研发具有可靠、快速切断高额短路电流的高压直流断路器已成为紧迫的任务。研制快速直流断路器将面临以下主要难点：

（1）直流电流无过零点使灭弧困难。

（2）需承受高的故障电流上升率。

（3）在不损坏所有组件和系统的前提下，直流断路器在分闸断流过程中需耗散存储在系统中很大的能量。

（4）因断路器的操作所产生的最大过电压必须足够低，以满足直流系统绝缘配合的要求。

（5）应有快速故障检测的功能。

5.2.2 高压直流断路器的研发现状

目前已在运行和正在研发的直流断路器，从技术角度可分为以下几种：

（1）机械式断路器。以交流断路器灭弧技术为基础变革设计的直流断路器，如磁辅助的吹弧技术，气体（SF_6）压力辅助吹弧技术，基于中压直流牵引断路器而改良的技术。

（2）真空/等离子断路器，使用高压真空系统，采用等离子管。

（3）电力电子直流断路器，基于高电压、高电流晶闸管换流器，基于 IGBT 换流器。

（4）超导断路器，使用在超导和常温状态下电阻快速变化的超导材料。

以上前两种均是基于辅助振荡电路实现灭弧的断路器，两者不同的是断路器采用不同的灭弧方式和介质。此类断路器受结构因素的限制，虽然可以有效限制故障电流的幅值和上升速率，但是数十毫秒的操作时间不适用于多端高压直流输电系统中。

后两种是目前世界上最先进的、处在研发阶段的具有高开断容量的直流断路器。完全由电力电子器件组成的断路器可以将开断时间控制在数毫秒，满足快速开断的要求，但其通态损耗较高，甚至通常达到电压源换流站功率传输损失的 30%，这限制了高压直流断路器的工程应用。混合式高压直流断路器应运而生，舟山多端柔性直流输电工程使用的就是混合式高压直流断路器，由前几章知识可以得知，在正常运行过程中，电流将只流过由负荷转换开关与超快速机械式隔离开关组成的旁路开关，主断路器中的电流为零。当高压直流侧发生故障时，负载转换开关打开将电流转换到主断路器中，同时将超快速隔离开关打开，然后由主断路器断开故障电流。故障排除后，非常小的剩余电流由隔离开关断开完成整个开断过程，并将故障线路与高压直流输电电网隔离，同时可以避免避雷器组的热超载。随着负载转换开关的打开，因超快速机械式隔离开关迅速动作，将横跨在负载转换开关上的电压消除起到保护负载转换开关的目的。因此，负载转换开关的电压等级可以很低。能成功将线路电流转换到主断路器回路的负载转换开关，其额定电压只需要超过主回路断路器的通态电压，混合式直流断路器与纯电力电子断路器相比，输电损耗显著减少，损耗约为传输功率的 0.01%，由此解决了纯电力电子断路器通态损耗高的弊端。

5.2.3　直流断路器发展展望

随着近年来高压直流特别是多端高压直流输电技术的快速发展，对高压直流断路器的技术要求和市场需求在不断增长，高压直流断路器的研发近年来成为业内一大热点，获得了越来越多的关注。混合式高压直流断路器无疑是一大进步，具有速度快、损耗小、开断能力较高的特点，可满足目前大部分用于连接海上风力发电的多端海底电缆直流工程等。但因所需电力电子元件数目多且需要备份，其价格昂贵；保护控制配合尚需斟酌，特别是对不同拓扑结构的电网可靠性和运行操作有待考验等。

目前也有其他不同原理的高压直流断路器正在研发，如高压真空断路器和无电弧的弹道断路器。技术的选择将取决于对功能的要求。基于不同高压直流输配电电网的拓扑结构，接线方式以及对运行、检修、操作灵活性和可靠性的要求，直流断路器的开发也将涌现出不同的设计理念和方案。这需要综合考虑经济、技术、环保、安全各方面因素，优化比较各种现有和潜在的设计，以臻做到技术先进、功能完善、经济合理、环保科学、安全可靠等。随着直流电网拓扑结构设计的不断革新，高压直流断路器的研发和电力设备元器件技术的创新，更加经济合理、安全可靠、运行简便、拥有多个直流线路连接的多终端直流电网和变电站，在不远的将来将以崭新的实际上的"DC枢纽"出现，并不断扩大发展，与交流系统结合，最终呈现出全新的、智能化的现代输电和配电系统。